María Pilar Santamarina
Josefa Roselló

Botánica Agroalimentaria

edUPV

Universitat Politècnica de València

Colección Académica http://tiny.cc/edUPV_aca

Para referenciar esta publicación utilice la siguiente cita:
    Santamarina, María Pilar; Josefa Roselló (2026). Botánica Agroalimentaria. edUPV

© María Pilar Santamarina
    Josefa Roselló

© 2026, edUPV (Editorial Universitat Politècnica de València)
    Venta: www.lalibreria.upv.es / Ref.: 0641_04_01_01
    ISBN: 978-84-1396-392-1
    Depósito Legal: V-595-2026

Imprime: Byprint Percom, S. L.

A las mujeres en la ciencia

A todas aquellas que nos precedieron,
y que dieron los pasos necesarios, para que nosotras
pudiéramos alcanzar casi todos nuestros objetivos.

A todas aquellas que nos sucederán,
para que tengan un futuro lleno de éxito.

A nuestras familias

Prólogo

No es frecuente encontrarse con un libro en el que se perciban con tanta claridad los años de trabajo bien hecho que hay detrás de cada página. *Botánica Agroalimentaria* no es solo una obra académica rigurosa y actualizada; es, sobre todo, el resultado de una dedicación sostenida a la botánica universitaria, entendida como ciencia, como herramienta formativa y como conocimiento imprescindible para comprender y transformar nuestro entorno agroalimentario, forestal y ambiental. En ese sentido, este libro refleja con nitidez la trayectoria y el compromiso de sus autoras: María Pilar Santamarina Siurana y Josefa Roselló Caselles.

He tenido la fortuna de conocer de cerca la trayectoria de Pilar Santamarina, de compartir con ella espacios de trabajo y responsabilidades en la Universitat Politècnica de València, y de comprobar a lo largo del tiempo su implicación con la institución y con las personas que la conforman. Pilar es una excelente docente y una investigadora reconocida, pero es también algo que no siempre se subraya lo suficiente: una universitaria comprometida con el servicio público, con la responsabilidad social y con una forma de entender la universidad basada en la cercanía, el rigor y la lealtad institucional. A lo largo de su carrera ha asumido responsabilidades de gestión relevantes, siempre desde una actitud constructiva y generosa, contribuyendo de manera decisiva al buen funcionamiento de la UPV y al fortalecimiento de su proyecto colectivo.

Junto a ella, Josefa Roselló Caselles aporta a esta obra una trayectoria científica sólida y rigurosa, desarrollada íntegramente en el seno de la Universitat Politècnica de València y, de manera muy destacada, en el Departamento de Ecosistemas Agroforestales. Como técnica superior de investigación, su trabajo ha generado contribuciones científicas de gran valor en el ámbito de la botánica aplicada y del estudio de los sistemas agroforestales, aportando conocimiento esencial para comprender la diversidad vegetal y su papel en los sistemas productivos y naturales. Su labor investigadora, constante y meticulosa, ha tenido un impacto directo tanto en la investigación como en el apoyo a la actividad docente universitaria, contribuyendo de forma decisiva a la calidad de los materiales académicos y a la formación de estudiantes. Esta obra es también un reflejo del valor estratégico del personal técnico de investigación, cuya aportación resulta imprescindible para el avance del conocimiento en una universidad moderna y compleja.

Botánica Agroalimentaria responde a una necesidad clara en la formación universitaria actual. En un contexto marcado por desafíos globales como la sostenibilidad, la seguridad alimentaria, el cambio climático o la pérdida de biodiversidad, la botánica deja de ser una disciplina de base para convertirse en una pieza clave del conocimiento aplicado. Comprender cómo se clasifican las plantas, cómo han evolucionado y cuál es su papel en los ecosistemas productivos es una condición indispensable para afrontar con criterio los retos del sistema agroalimentario contemporáneo.

El libro ofrece una visión actualizada de la sistemática botánica, incorporando los avances derivados de la filogenia molecular y de los sistemas de clasificación más recientes, como el APG IV, sin renunciar por ello a la claridad conceptual ni al rigor terminológico. Desde los fundamentos de la taxonomía botánica hasta el análisis detallado de las principales familias de plantas vasculares con semilla, el texto guía al lector de forma progresiva, con un discurso claro, preciso y cuidadosamente estructurado.

Resulta especialmente destacable el esfuerzo pedagógico que subyace en esta obra. Las más de cuatrocientas ilustraciones, entre fotografías y dibujos seleccionados con criterio, no son un complemento accesorio, sino una parte esencial del aprendizaje. En botánica, observar es comprender, y este libro convierte la observación en una herramienta eficaz para el estudio y la identificación de las plantas.

Asimismo, merece una mención especial el énfasis en las especies y familias de interés agroalimentario en la Comunitat Valenciana, sin perder de vista otras plantas de relevancia forestal, ornamental o paisajística. Esta atención al territorio, combinada con una visión científica global, conecta la botánica con la realidad productiva, ambiental y cultural de nuestro entorno, y refuerza el carácter aplicado de la obra.

Este libro nace en una universidad donde el conocimiento no se concibe de espaldas a la sociedad ni al territorio. La Universitat Politècnica de València ha apostado históricamente por una formación científica sólida, vinculada a los retos reales y comprometida con el desarrollo sostenible. *Botánica Agroalimentaria* es un buen ejemplo de esa manera de entender la universidad: rigor académico, utilidad social y vocación de servicio público.

Estoy convencido de que esta obra se convertirá en una referencia útil y duradera tanto para quienes se inician en el estudio de la botánica agroalimentaria como para quienes desean actualizar sus conocimientos en un campo en permanente evolución. Si este libro logra despertar la curiosidad, el interés y el respeto por el mundo vegetal, habrá cumplido sobradamente su propósito.

Quiero concluir expresando mi reconocimiento y agradecimiento a Pilar Santamarina y Josefa Roselló por este trabajo riguroso, generoso y necesario. Libros como este son el resultado de muchos años de dedicación silenciosa a la investigación, a la enseñanza y a la transferencia de conocimiento, y constituyen una aportación valiosa no solo para la comunidad universitaria, sino para la sociedad en su conjunto.

José E. Capilla Romá

Rector

Universitat Politècnica de València

Índice

Prólogo v

1. Taxonomía botánica 1

   1.1. Los nombres son los símbolos de las cosas 2

   1.2. La nomenclatura y los códigos 3

   1.3. Las categorías taxonómicas 4

   1.4. La clasificación de los seres vivos 7

2. Las plantas vasculares con semilla..11

   2.1. PhyloCode 12

   2.2. Barcoding Species...12

   2.3. Gimnospermas 15

        2.3.1. Filum Cicadofita 15

        2.3.2. Filum Ginkgofita 16

        2.3.3. Filum Coniferofita. Las Coníferas 16

        2.3.4. Filum Coniferofita. Gnetales 22

   2.4. Angiospermas 22

        2.4.1. CLADO Magnoliids 24

        2.4.2. CLADO Monocots (Monocotiledóneas) 24

        2.4.3. CLADO Eudicots (Eudicotiledóneas) 26

3. Familia Cicadáceas...31

4. Familia Ginkgoáceas..35

5. Familia Pináceas 39

6. Familia Taxáceas 53

7. Familia Cupresáceas..57

8. Familia Magnoliáceas 67

9. Familia Lauráceas 71

10. Familia Liliáceas 79

11. Familia Orquidáceas 85

12. Familia Iridáceas 93

13. Familia Amarilidáceas 99

14. Familia Arecáceas.. 109

15. Familia Musacéas 115

16. Familia Poáceas... 119

17. Familia Platanáceas 133

18. Familia Vitáceas 137

19. Familia Fabáceas 143

20. Familia Rosáceas 171

21. Familia Fagáceas 193

22. Familia Curcurbitáceas 205

23. Familia Salicáceas.. 213

24. Familia Litráceas 221

25. Familia Rutáceas 225

26. Familia Malváceas 233

27. Familia Brasicáceas(Crucíferas) 241

28. Familia Amarantáceas.. 249

29. Familia Ebenáceas 253

30. Familia Convolvuláceas 257

31. Familia Solanáceas 261

32. Familia Lamiáceas.. 271

33. Familia Oleáceas.. 283

34. Familia Asteráceas... 289

35. Familia Apiáceas.. 303

Bibliografía 313

Glosario 315

CAPÍTULO 1

Taxonomía **botánica**

Taxonomía es una palabra que procede del griego y que está formada por dos vocablos: taxis que significa orden y nomos que significa ley o norma.

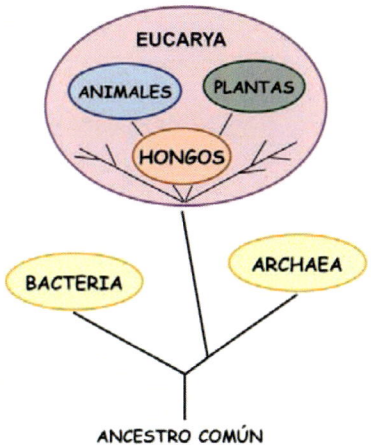

Figura 1.1. Dominios de la vida.

La taxonomía botánica se ocupa de la clasificación (de ordenar) de las plantas, y también de los principios y leyes que regulan dicha clasificación.

La taxonomía, o clasificación, surge de la necesidad que tiene el hombre de ordenar y nombrar los seres que le rodean. La clasificación es, por tanto, la herramienta que empleamos para enfrentarnos con la organización de la gran variedad de organismos que conviven en la biosfera. El hombre intenta ordenar los organismos que le rodean y los agrupa en conjuntos hasta realizar una clasificación de ellos.

Una clasificación se podría definir como la ordenación de los seres vivos en jerarquías de clases (árbol filogenético). Los distintos niveles jerárquicos (clados) constituyen lo que llamamos categorías taxonómicas, y a los grupos que se forman en una clasificación, independientemente de las categorías que tengan, se llaman táxones.

Hoy en día, gran parte de la comunidad científica está de acuerdo en que el mejor sistema de clasificación es aquél que mejor refleje la filogenia de los táxones.

1.1. Los nombres son los símbolos de las cosas

Los nombres son las etiquetas por las que podemos expresar conceptos. El que una persona se llame Pilar no significa que sea alta o baja, es simplemente una etiqueta que sirve para expresar un concepto, y para diferenciarla de Pepa, Francisco, o Antonio. El hombre ha ido aplicando nombres a las cosas a medida que ha ido identificándolas y diferenciándolas. La mayor parte de los organismos que nos son familiares tienen nombres vulgares, pero incluso para los fines más sencillos, estos nombres pueden ser inadecuados, pues muchas veces son confusos. Los nombres vulgares tienen algunos fallos circunstanciales: se entienden bien por aquellos que usan el mismo código de comunicación, pero no son inteligibles por otros. Los nombres en lenguas vernáculas no sirven para una comunicación científica que debe ser universal, pues la nomenclatura utilizada debe permitir la denominación de todas las plantas y, además, debe significar lo mismo para todos los usuarios. Los nombres vulgares no satisfacen las necesidades de una nomenclatura botánica científica por varios motivos:

A) Tienen nombres vulgares unas pocas plantas, aquellas que el hombre ha tenido necesidad de nombrar bien porque le resultaba útil, bien por su peligrosidad, o bien por la gran abundancia en su entorno. Pero el hombre se ha despreocupado del resto.

B) Falta de universalidad. El empleo de nombres vulgares va unido al uso de las diversas lenguas vernáculas; lo que llamamos *arroz* en castellano es *riz* en francés, *rice* en inglés y *riso* en alemán. Pero aún hay más, ni siquiera es necesario salir de un determinado país para encontrar localismos: en español tienen el mismo significado *acebo*, *carrasco*, *cardón*, *cebro*, etc., según la localidad. Por contra, se conocen con el mismo nombre a plantas distintas, por ejemplo, roble es un término que se utiliza para designar diferentes especies del género *Quercus*; roble lo utilizamos tanto para *Q. pubescens* como para *Q. robur*, *Q. petrea*, *Q. pyrenaica*, etc.

C) Finalmente, los nombres vulgares no dan información sobre las verdaderas relaciones que existen entre las plantas a las que denominan. Por ejemplo, *cardo* se utiliza para nombrar a plantas de familias tan diferentes como Papaveráceas, Umbelíferas, Dipsacáceas o Compuestas.

1.2. La nomenclatura y los códigos

La nomenclatura es la disciplina que se ocupa de aplicar las reglas para nombrar y describir a los táxones.

Hasta el siglo XVIII las plantas se identificaban mediante cortas frases descriptivas, compuestas de varios términos llamadas polinomios; por ejemplo, un tipo de *sauce* se llamaba *Salix pumila angustifolia altera*. La primera palabra de un polinomio correspondía al nombre del género al cual pertenecía la especie. Por tanto, en el caso de los robles todos se identificaban en el comienzo del polinomio con la palabra *Quercus* y en el caso de las rosas, con la palabra *Rosa*. A pesar de todo, el sistema resultaba complejo al fundir el nombre con la descripción, porque el descubrimiento de nuevas plantas llevaba a tener que ampliar las descripciones de las precedentes por insuficiente diferenciación y, por tanto, la frase se hacía más larga. Ciertamente este sistema no era operativo.

Carlos Linneo, profesor y naturalista sueco, cambió la filosofía de la nomenclatura, e ideó una simplificación del sistema de nombrar a los seres vivos. Separó el nombre de la descripción y adoptó un sistema de dos términos para nombrar las especies. Es el sistema al que llamamos binominal o binomial. El sistema binomial se compone de dos términos: el primero es el *nombre genérico* y el segundo es el *epíteto específico*; éste es un adjetivo o funciona como tal y, por ello, no tiene significado si se emplea aisladamente, únicamente lo tiene si se añade al sustantivo (género). El adjetivo específico hace alusión a alguna característica o propiedad distintiva; ésta puede atender al color (*albus*, "blanco"; *cardinalis*, "rojo cardenal"; *viridis*, "verde"; *luteus*, "amarillo"; *purpureus*, "púrpura"; etc.), al origen (*africanus*, "africano"; *americanus*, "americano"; *alpinus*, "alpino"; dianius, dianae, "Denia"; *ibericus*, "ibérico"; etc.), al hábitat (*arenarius* , "que crece en la arena"; *campestris*, "de los campos"; *fluviatilis*, "de los ríos"; etc.), homenajear a una personalidad de la ciencia (*paui*, "C. Pau"; cavanillesii, "A.J. Cavanilles") o atender a cualquier otro criterio. Linneo en 1753 publicó un trabajo de dos volúmenes, *Species Plantarum* ("Las clases de plantas"). En dicha obra, utilizó las designaciones polinómicas para describir y nombrar las especies, pero añadió una novedad importante que le condujo a fundar el sistema binomial de nomenclatura, el cual se sigue utilizando todavía en la actualidad. En el margen derecho de cada descripción polinómica escribió una palabra, que combinada con el nombre genérico constituía una designación abreviada de las especies. Por ejemplo, para la *hierba gatera* que se denominaba *Nepeta floribus interrupte spicatus pedunculatis* (que quiere decir: *Nepeta* con flores en una espiga pedunculada interrumpida) Linneo sitúo la palabra "*cataria*" que significa "relativo a gato". Él y sus contemporáneos empezaron a llamar a esta especie *Nepeta cataria*, denominación que persiste hoy en día.

La conveniencia de este nuevo sistema y los incómodos nombres polinómicos llevaron a la utilización de los nombres binomiales. Las reglas que gobiernan la aplicación de los nombres de las plantas están descritas en el Código Internacional de Nomenclatura Botánica (CINB), organismo que regulaba la nomenclatura de los táxones, y que fue sustituido desde 2011 por el ICNafp (Código Internacional de Nomenclatura para algas, hongos y plantas, http//www.iaptglobal.org). El Código Internacional de Nomenclatura para algas, hongos y plantas (ICN) de Madrid, se basa en las decisiones de los Congresos Internacionales. Este código, está editado por la Asociación Internacional para la Taxonomía de Plantas (IAPT).

Es frecuente entre los no especialistas de la nomenclatura botánica desdoblar el nombre específico de la siguiente forma: género *Quercus*; especie *ilex*. Tal proceder es incorrecto en el plano formal y en el plano conceptual, tanto botánico como lingüístico. La forma correcta de nombrar a la especie es *Quercus ilex*.

1.3. Las categorías taxonómicas

Los rangos de clasificación que hoy se aceptan son:

Español	Latín
Dominio	
Reino	Regnum
Filum (División)	Phylum (Divisio)
Clase	Classis
Orden	Ordo
Familia	Familia
Tribu	
Género	Genus
Sección	Sectio
Serie	Series
Especie	Species
Variedad	Varietas

De todos ellos, la especie es la unidad fundamental en la clasificación botánica.

Todos los nombres de géneros o rangos superiores se componen de un solo término. Siempre se consideran nombres propios y por ello, se escriben con la primera letra en mayúscula.

Los sufijos de los rangos entre género y orden son de uso obligatorio y se aplican a cualquier grupo de organismos, ya sean hongos, algas, briófitos, helechos o plantas con flores.

Terminaciones (Sufijos) indicativos de categoría taxonómica:

Categoría Taxonómica	Terminación (sufijo)
Dominio	- a
Reino	
Filum (División)	- phyta
Subdivisión	- phytina
Clase	- opsida
Subclase	- idae
Superorden	- anae
Orden	- ales
Familia	- aceae
Subfamilia	- oideae
Tribu	- eae
Subtribu	- inae

No hay sufijo identificativo para el rango de género ni para los rangos inferiores. El nombre de un género es un sustantivo singular, latino o latinizado.

En la nomenclatura de los híbridos hay dos formas de expresión correctas: por el signo de multiplicar (X), o por la adición del prefijo notho- (este vocablo procede del griego y significa híbrido). Ejemplo: *Salix aurita* x *capraea*.

Las especies se reúnen en grupos más amplios que las integran llamados géneros, los géneros en familias, las familias en órdenes, los órdenes en clases, las clases en phyla (phylum en singular, también división), los phyla en reinos, y los reinos en dominios. Se pueden obtener niveles adicionales con los prefijos **sub**- (subclase, subfamilia), y **super**- (superorden).

Decimos que una categoría taxonómica es natural cuando todos los grupos taxonómicos que la integran están relacionados filogenéticamente. Lo ideal de una clasificación biológica sería que todos los táxones que contiene fuesen naturales.

En la naturaleza tenemos algunos grupos, que están bien definidos, y podemos apreciar en ellos una clara relación filogenética. Por ejemplo, dentro de las Angiospermas, las familias Brasicáceas, Asteráceas, Apiáceas y Poáceas están muy bien diferenciadas. Estos grupos han sido reconocidos desde las primeras clasificaciones como grupos naturales y muy pronto se les dio la categoría de familia. Prueba de ello es que sus límites taxonómicos apenas han sufrido modificación en los últimos 300 años.

La familia, el género y la especie son las únicas categorías taxonómicas que para muchos autores tienen base natural.

Los códigos internacionales de nomenclatura biológica reconocen la especie como la categoría taxonómica básica y fundamental sobre la que se sustenta toda la jerarquización de los organismos vivos.

La mayoría de los naturalistas de todos los tiempos se han preguntado ¿qué es la especie?

El concepto de especie biológica se define como un conjunto de poblaciones formadas por individuos, con características morfológicas propias, actual o potencialmente interfértiles y aisladas genéticamente de otros grupos próximos.

Las especies pueden cambiar con el tiempo, es decir, en distintos lugares y en tiempos diferentes, poblaciones que forman parte de una misma especie pueden mutar y originar nuevas especies, distintas de la original y distintas entre sí.

Las categorías taxonómicas inferiores a la especie son la subespecie y la variedad.

La subespecie son plantas separadas de sus vecinas por un conjunto de caracteres, las cuales están separadas en el tiempo o en el espacio.

Las subespecies se nombran por medio de un *trinomio* en el cual delante del epíteto subespecífico se intercala la palabra subespecie o su abreviatura subsp. Ejemplo: *Quercus ilex* subsp. *ilex*

La variedad es una facie de la especie y tiene una distribución local. Se puede definir también como una unidad sistemática clara formada por poblaciones con más de un carácter particular y que puede tener un área geográfica simpátrica con el de otras variedades próximas (coinciden en el tiempo y en el espacio).

La variedad se nombra, también mediante *trinomio*, colocando delante del epíteto de variedad la abreviatura var.

- Ejemplo: *Blechnum spicant* var. *homophyllum*

El término cultivar es equivalente a variedad, siendo un término frecuentemente utilizado en agricultura y jardinería; pues atañe sólo a aquellas variedades obtenidas por la selección humana.

La forma (f.) es una modificación esporádica de la especie, asociado o no con la distribución geográfica. Ejemplo: *Juniperus communis* f. *cupressiformis*

En la Tabla 1.1 se muestra a modo de ejemplo la clasificación del arroz (*Oryza sativa*).

Tabla 1.1. Clasificación biológica del arroz. Obsérvese todo lo que se puede decir acerca de un organismo cuando se sabe su posición en el sistema. Las descripciones no definen las distintas categorías, sino que nos dicen algo acerca de sus características.

Categoría	Nombre	Descripción
Dominio	Eucarya	
Reino	Plantae	Organismos terrestres, con clorofila a y b en los cloroplastos y con diferenciación estructural
Filum (División)	Magnoliophyita	Plantas vasculares con semillas y flores; óvulos dentro del ovario; angiosperma
	Monocots	Embrión con un cotiledón; flores trímeras; en el tallo haces vasculares dispersos
Orden	Poales	Monocotiledóneas con hojas paralelinervias; partes de la flor reducidas y fusionadas
Familia	Poaceae	Monocotiledóneas con el tallo hueco y flores verdosas pequeñas; fruto en aquenio (cariópside); gramíneas
Género	*Oryza*	Flores hermafroditas con 6 estambres; espiguillas dispuestas en panojas. Necesita humedad constante del suelo y tolera bien las aguas salobres
Especie	*Oryza sativa*	Arroz

1.4. La clasificación de los seres vivos

Desde los tiempos de Aristóteles hasta mediados del siglo XX, la mayoría de los biólogos se limitaban a dividir el mundo de los seres vivos en dos reinos: las plantas y los animales. En la época de Linneo todos los organismos se consideraban o vegetales o animales. Los animales se movían, comían alimentos, respiraban y crecían hasta llegar a adultos. Los vegetales ni se movían, ni comían, ni respiraban; no se había observado que se alimentasen de otros organismos y parecían capaces de crecer indefinidamente.

A medida que se fueron descubriendo nuevos grupos de organismos, éstos se clasificaron en una de las dos categorías existentes vegetales y animales. Los hongos y las bacterias se agruparon con los *vegetales* y los protozoos con los *animales*. Finalmente, se descubrieron organismos como *Chlamydomonas*, un alga verde nadadora que se mueve. Los organismos de este tipo no podían ser clasificados ni como vegetales ni como animales. En la década de 1930 la tradicional división de los organismos en dos reinos no era más que una curiosidad histórica.

Desde entonces no se ha propuesto una alternativa completamente aceptada por todos los científicos, y éstos discrepan acerca de cuantos reinos deben reconocerse, y qué organismos deben incluir cada uno de ellos. En 1937, E. Chatton, biólogo marino, publicó en Egipto un artículo sugiriendo el término procariótico para describir las bacterias y cianobacterias, y el término eucariótico para describir las células de las plantas y animales. La propuesta de Chatton se ha reconocido y aceptado por la comunidad científica.

Hoy en día es evidente que la división más importante en el mundo de los organismos es la que hay entre procariotas y eucariotas.

Los procariotas no tienen orgánulos celulares delimitados por membranas, y su material genético es una única molécula circular de DNA no asociada a proteínas.

Los virus son segmentos de DNA o RNA que poseen la capacidad de utilizar la maquinaria de otras células para su reproducción y no se consideran organismos vivos.

Los eucariotas tienen un núcleo definido, limitado por la envuelta nuclear (una doble membrana). En el núcleo se encuentran los cromosomas en los que el DNA está asociado a proteínas. En las células de los eucariotas hay orgánulos, y un complejo sistema de membranas. En los vegetales, son características las vacuolas, los plastos y la presencia de pared celular celulósica. Además, muchos eucariotas poseen dos importantes características que no tienen los procariotas: una estructura multicelular integrada y la reproducción sexual. Los procariotas, a veces, permanecen juntos después de su división formando filamentos o masas, pero generalmente no tienen conexiones citoplásmicas entre las células y consecuentemente carecen de una integración de todas las partes del filamento o la masa. En los vegetales, los protoplastos de las células vecinas se encuentran interconectados mediante plasmodesmos. En los animales no hay paredes celulares y las células están separadas por sus membranas plasmáticas.

En 1959, R.H. Whittaker propuso un sistema de cinco reinos que alcanzó una amplia aceptación durante las últimas décadas del siglo XX y el más utilizado con algunas modificaciones fundamentalmente de Margulis y Schwartz. Los cinco reinos son: 1 procariótico, los *Moneras* (bacterias y cianobacterias), y 4 eucarióticos: los *Protoctistas* (algas, protozoos, hongos inferiores mucilaginosos y acuáticos), los

Hongos (setas, mohos y líquenes), los *Animales* (animales con o sin espina dorsal) y las *Plantas* (musgos, helechos, gimnospermas y angiospermas).

A finales del siglo pasado el bacteriólogo Carl Woese observó, comparando secuencias de ADN, que los procariotas incluyen dos grupos diferentes de organismos. Así para expresar la diversidad de los procariotas, los biólogos han inventado una categoría por encima del nivel reino llamada Dominio (Figura 1.1).

Las formas de vida se dividen ahora en dos dominios procarióticos (**BACTERIA** y **ARCHAEA**) y un dominio eucariótico (**EUCARYA**).

Los animales, las plantas y los hongos constituyen los reinos **Animalia**, **Plantae** y **Fungi**. También en el Dominio Eucarya se encuentran otras formas de vida asignadas con anterioridad a un grupo de vida artificial denominado Reino Protista, que se sigue llamando así, protista, por conveniencia, aunque no se reconoce hoy como categoría taxonómica.

CAPÍTULO 2

Las plantas vasculares con semilla

Una de las innovaciones más drásticas en la evolución de las plantas vasculares ha sido la aparición de las semillas. La presencia de semillas parece que es uno de los factores determinantes de la dominancia de este tipo de plantas en la flora actual; una dominancia que progresivamente ha sido mayor a lo largo de los últimos millones de años. La razón es simple: semilla implica supervivencia.

Las plantas con semillas, espermatófitos, tuvieron su aparición en el Devónico inferior y se agrupan en 4 Filum:

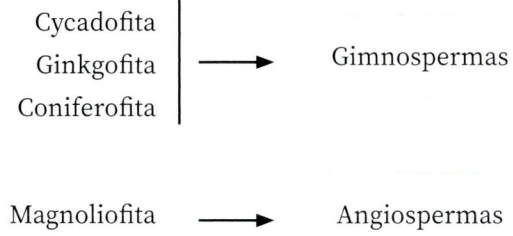

Las Gimnospermas con un número pequeño de especies, y de ellas sólo las coníferas son dominantes en algunos tipos de formaciones vegetales. Sin embargo, las Angiospermas, que tuvieron su origen en la era secundaria, son extraordinariamente ricas en especies, lo que las convierte en el grupo de plantas más diverso y abundante de la Tierra y constituyen la vegetación dominante de la mayoría de las regiones de la Tierra.

Las plantas con flor, también conocidas como Angiospermas, son uno de los grupos cuya sistemática se ha visto modificada en los últimos años como consecuencia de los análisis moleculares de ADN, que han puesto de manifiesto cuales son las relaciones reales de parentesco entre los grandes grupos de plantas. Actualmente, y desde 1990, las diversas técnicas analíticas de ADN constituyen una de las herramientas más utilizadas por los botánicos sistemáticos.

Los distintos sistemas de clasificación que han surgido a lo largo de los años difieren en el número de Clases, Divisiones, Reinos e incluso Dominios, así como las relaciones entre unos y otros. Actualmente la mayoría de los biólogos utilizan los tres Dominios y los cinco Reinos de Whittaker añadiendo la diferenciación dentro de los Monera entre las Bacterias y Archaea.

2.1. PhyloCode

El sistema de nomenclatura y la jerarquía de clasificación Linneano se creó hace más de 250 años, antes que Charles Darwin y Alfred R.Wallace propusieran su teoría de la evolución por medio de la selección natural. La nomenclatura Linneana es un sistema artificial basada en la apariencia, aspectos fundamentalmente morfológicos, de los organismos que a menudo no reflejan sus relaciones evolutivas o filogenia. Surgió un movimiento que rechaza este sistema taxonómico y lo reemplaza con un nuevo sistema llamado Sistema PhyloCode, basado en la filogenenia. En él sólo las características derivadas compartidas deben usarse para definir un grupo de organismos. Estas agrupaciones naturales son llamadas CLADOS. PhyloCode se basa inicialmente en el trabajo del entomólogo alemán Willi Henning del siglo xx.

En 1991 surgió el sistema de clasificación APG que se basa en la comparación de las secuencias de genes específicos para la clasificación de las plantas con flores. El mayor taxon que reconoce es el Orden, las categorías taxonómicas superiores se denominan Clados, sin entidad taxonómica.

El Angiosperm Phylogeny Group, o sistema de clasificación APG, es un grupo internacional informal de botánicos sistemáticos que colaboran para establecer un consenso sobre la taxonomía de las plantas con flores (angiospermas), que refleja nuevos conocimientos sobre las relaciones de las plantas descubiertos a través de estudios filogenéticos. El sistema APG IV, es la cuarta versión de la clasificación de plantas con flores. Las distintas versiones se han ido publicando en 1998, 2003, 2009 y la última en 2016.

2.2. Barcoding Species

Una nueva forma de identificar especies no se basa en un experto para un grupo taxonómico particular, sino en un código de barras genético, un corto segmento de ADN que es estándar para un grupo particular de organismos. Identificar un código de barras universal para cada especie es una forma rápida y clara de discriminar entre especies y también un primer paso en la conservación de especies en peligro de extinción, así como en los estudios de biodiversidad, o incluso la identificación de una especie cuando no disponemos de la flor.

Se han creado varias organizaciones para apoyar y difundir información sobre los códigos de barras de las especies. El sistema Barcode of Life Data (BOLD) recopila códigos de barras que se han secuenciado para varios organismos. El Consorcio para el Código de Barras de la Vida (CBOL) que tiene el apoyo de varias instituciones científicas y universidades están patrocinando el desarrollo de códigos de barras como método estándar para la identificación de especies.

El APG, renuncia a usar la nomenclatura oficial, según el Código Internacional de Nomenclatura Botánica, por encima de la categoría taxonómica de orden, basándose en que la nomenclatura definitiva debe llevarse a cabo cuando el sistema alcance una mayor estabilidad y cuando se disponga de un mayor volumen de conocimiento, integrativo también con otras disciplinas. Los grupos jerárquicamente superiores al orden se definen como clados, no como táxones, pues están entendidos como grupos monofiléticos reconocidos, y llevan nombres, inspirados en la nomenclatura preexistente, como: *monocots*, *eudicots*, *rosids*, *asterids*.

La clasificación adoptada aquí (Tabla 2.1) se basa fundamentalmente en las propuestas del APG IV (2016).

A continuación, se describen las características generales de los distintos phyla y clados que comprenden las espermatófitas, que serán tratados en este texto. Este texto no pretende ser un tratado de botánica, sino una guía útil para todos aquellos interesados con la botánica agrícola y forestal, haciendo hincapié en aquellas plantas de interés agroalimentario en la Comunidad Valenciana.

Tabla 2.1. Sistema de clasificación teniendo en cuenta las propuestas del APG IV (2016).

DOMINIO EUCARYA				
REINO PLANTAE				
PLANTAS CON SEMILLA				
			ORDEN	FAMILIA
GIMNOSPERMAS			CICADALES	CICADÁCEAS
			GINKGOALES	GINKGOÁCEAS
			PINALES	PINÁCEAS
			CUPRESALES	TAXÁCEAS
				CUPRESÁCEAS

Tabla 2.1 continúa en la página siguiente

Tabla 2.1 continúa de la página anterior

			ORDEN	FAMILIA
DOMINIO EUCARYA				
REINO PLANTAE				
PLANTAS CON SEMILLA				
ANGIOSPERMAS	**MAGNOLIIDS**		MAGNOLIALES	MAGNOLIÁCEAS
			LAURALES	LAURACEAS
	MONOCOTS		LILIALES	LILIÁCEAS
			ASPARAGALES	ORQUIDÁCEAS
				IRIDÁCEAS
				ASPHODELÁCEAS
				AMARILIDÁCEAS
			ARECALES	ARECÁCEAS (PALMAE)
			ZINGIBERALES	MUSÁCEAS
			POALES	POÁCEAS (GRAMÍNEAS)
	EUDICOTS	**EUDICOTS TEMPRANAS**	PROTEALES	PLATANÁCEAS
		ROSIDS / **FABIDS**	VITALES	VITÁCEAS
			FABALES	FABÁCEAS
			ROSALES	ROSÁCEAS
			FAGALES	FAGÁCEAS
			CUCURBITALES	CUCURBITÁCEAS
			MALPIGIALES	SALICÁCEAS
		MALVIDS	MIRTALES	LITHRÁCEAS
			SAPINDALES	RUTÁCEAS
			MALVALES	MALVÁCEAS
			BRASICALES	BRASICÁCEAS (CRUCÍFERAS)
		SUPERASTERIDS	CARIOFILALES	AMARANTÁCEAS (incl. QUENOPODIÁCEAS)
		ASTERIDS	ERICALES	EBENÁCEAS
			SOLANALES	CONVOLVULÁCEAS
				SOLANÁCEAS
			LAMIALES	LAMIÁCEAS (LABIADAS)
				OLEÁCEAS
			ASTERALES	ASTERÁCEAS (COMPUESTAS)
			APIALES	APIÁCEAS (UMBELÍFERAS)

2.3. Gimnospermas

Las Gimnospermas son de linaje antiguo, algunas pertenecen al Carbonífero inferior. Dominaron en la mayor parte de la era Mesozoica. Muchas se han extinguido y son conocidas solamente como fósiles. El nombre Gimnospermas significa *"semillas desnudas"* (*gymnos* = desnudo y *sperma* = semilla) y alude a los óvulos no encerrados en un gineceo.

Antes se creía que todas las gimnospermas, extintas y vivientes, estaban estrechamente emparentadas, descendientes de un tronco ancestral común. Estudios más modernos han demostrado que esta categoría abarca varias líneas evolutivas que surgieron en épocas diversas y que genéticamente son independientes unas de otras. Por lo tanto, el término "gimnospermas" es nombre de grupo que sigue empleándose por razones de simplicidad y comodidad.

Las Gimnospermas son heterospóreas y producen micro y megásporas. La megáspora queda retenida en el interior del megasporangio, donde germina para formar el gametófito femenino. El megasporangio, junto con el gametófito femenino que encierra y el integumento que lo rodea, recibe el nombre de óvulo. Después de la fecundación, se forma el embrión, y el integumento al madurar se transforma en la envoltura de la semilla. La semilla entonces entra en el período de reposo, y no reanuda su crecimiento hasta el momento de la germinación. El gametófito femenino y el embrión se alimentan con las sustancias nutritivas proporcionadas por la planta madre.

Las microsporas de las gimnospermas germinan y forman los granos de polen. Los granos, dispersados por el viento, entran en contacto con el óvulo o son depositados en su cercanía inmediata. Los granos de polen de las gimnospermas vivientes producen tubos polínicos. En los órdenes extintos no se han encontrado estos tubos y es posible que no se hayan formado nunca en aquellos grupos. Un rasgo característico de las gimnospermas es que probablemente todos los órdenes fósiles y dos de los vivientes (las Cicadales y Ginkgoales) conservaron el espermatozoide natátil de sus antepasados acuáticos. Salvo excepciones, los órganos de reproducción de las gimnospermas son producidos en los estróbilos que generalmente tienen forma de conos.

2.3.1. Filum Cicadofita

Gimnospermas de tallo no ramificado con hojas pinnadas y dispuestas helicoidalmente. Siempre dioicas. Este grupo incluye aproximadamente 140 especies.

2.3.2. Filum Ginkgofita

Únicamente representada por la especie *Ginkgo biloba*. Su madera con radios leñosos muy estrechos, sus hojas en forma de abanico. La mayor abundancia de los Ginkgópsidos se produjo en el Jurásico y Cretácico.

2.3.3. Filum Coniferofita. Las Coníferas

Las coníferas actuales son árboles de crecimiento monopódico o arbustos. Se desarrollan de semillas germinadas que tienen de 2 a numerosos cotiledones. Es característico en este grupo la presencia de conductos resiníferos y las flores agrupadas en estróbilos cónicos de dos tipos: los conos de polen y los conos de semilla.

Los estróbilos polínicos, relativamente pequeños, aparecen solos o en racimos. Son de color rojo vivo o amarillo. Duran sólo unos cuantos días y pasan a menudo inadvertidos. Poco después de la expulsión del polen, los conos se marchitan y caen del árbol.

Los conos de semilla son leñosos. Su tamaño, muy variable, difiere según las especies. Aunque algunas coníferas son dioicas, la mayoría de las especies son monoicas. Generalmente, ramas distintas de un mismo árbol llevan uno y otro tipo de cono.

Conos masculinos

Los conos masculinos tienen en promedio un centímetro o menos de longitud por 0,5 cm de diámetro. Se forman en grupos, por lo general en las ramas inferiores de los árboles. Cada cono consta de un gran número de escamas pequeñas (microsporófilos), dispuestas en espiral sobre el eje del cono. En la superficie inferior de cada escama se desarrollan dos microsporangios (Figura 2.1).

Gametófito masculino

Los microsporócitos, que están rodeados por una capa celular nutritiva o tapetum, sufren meiosis y producen *cuatro* micrósporas. Como de costumbre, cada micróspora contiene un número *haploide* de cromosomas. El núcleo de la nueva micróspora se divide varias veces mediante mitosis y da lugar a un grano de polen (gametófito masculino) que contiene dos núcleos haploides viables y vestigios de varias células vegetativas (Figura 2.2).

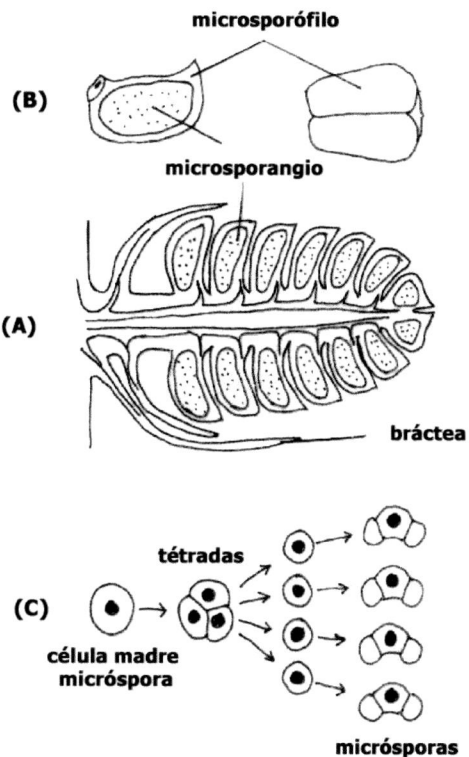

Figura 2.1. Órganos reproductores del pino. (A) Corte longitudinal de un cono polínico. (B) Vista lateral e inferior de un microsporófilo y microsporangio. (C) Desarrollo de las microsporas.

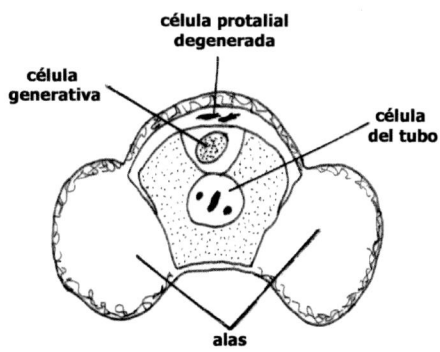

Figura 2.2. Grano de polen maduro del pino.

Conos femeninos

Los conos femeninos maduros, son los conocidos de los pinos y otras coníferas. Cada cono se compone de un eje en el que se insertan, en disposición helicoidal, varias escamas leñosas (brácteas). Los conos femeninos se desarrollan a principios de la primavera en las puntas de las ramas jóvenes. En la superficie superior de las escamas ovulíferas se desarrollan dos óvulos que encierran, cada uno, a un solo megasporangio (Figuras 2.3, 2.4 y 2.5).

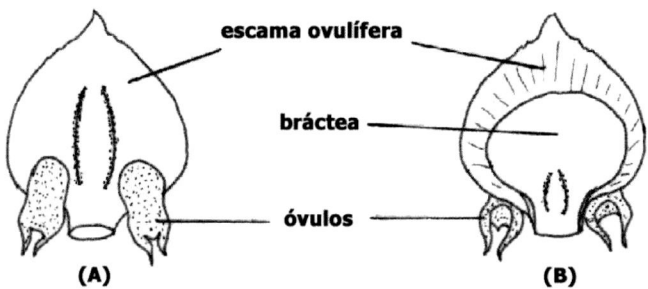

Figura 2.3. Óvulos y escamas ovuladas del pino, en el tiempo de la polinización. (A) Vistos desde arriba. (B) Vistos desde abajo.

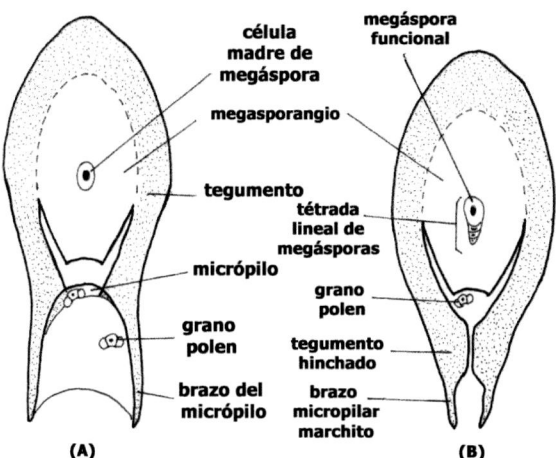

Figura 2.4. Pino. (A) Óvulo en el momento de la polinización. (B) Óvulo después de la polinización. El integumento hinchado cierra casi totalmente el micrópilo.

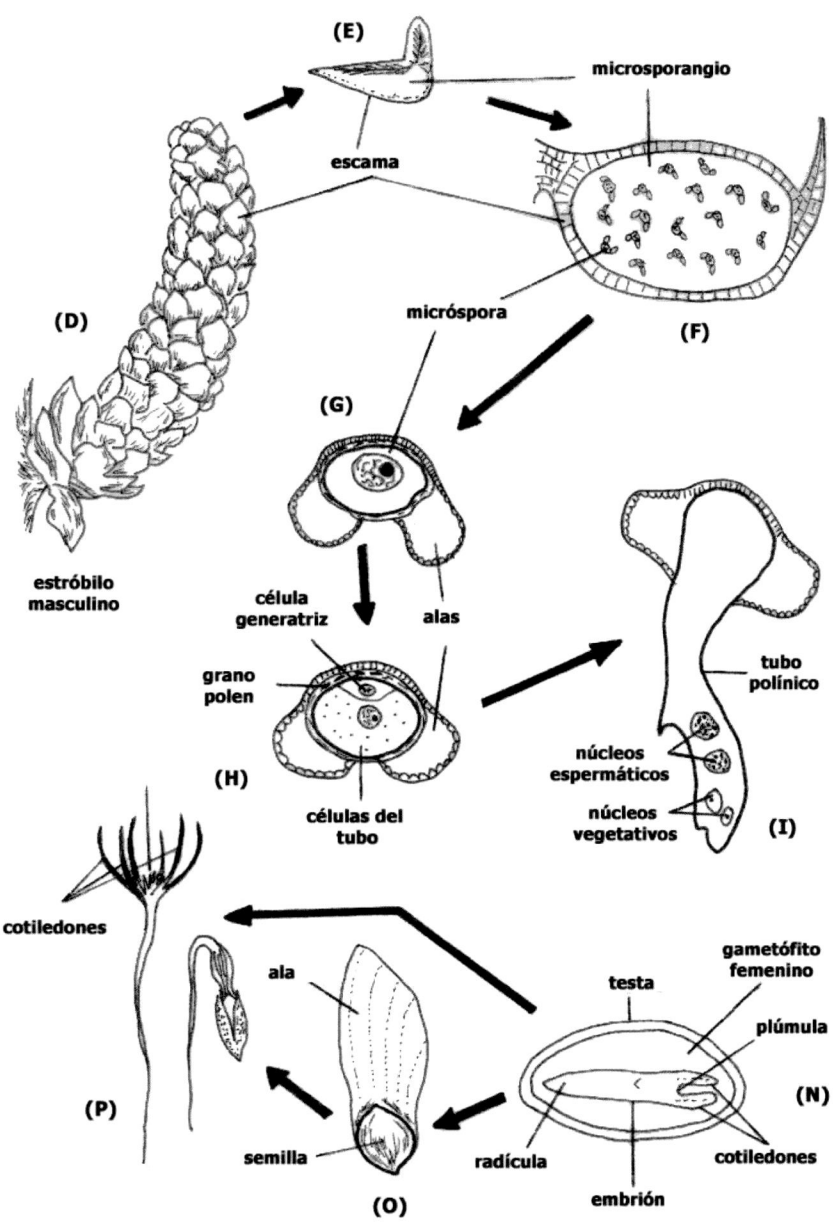

Figura 2.5 continúa en la página siguiente

Figura 2.5 continúa de la página anterior

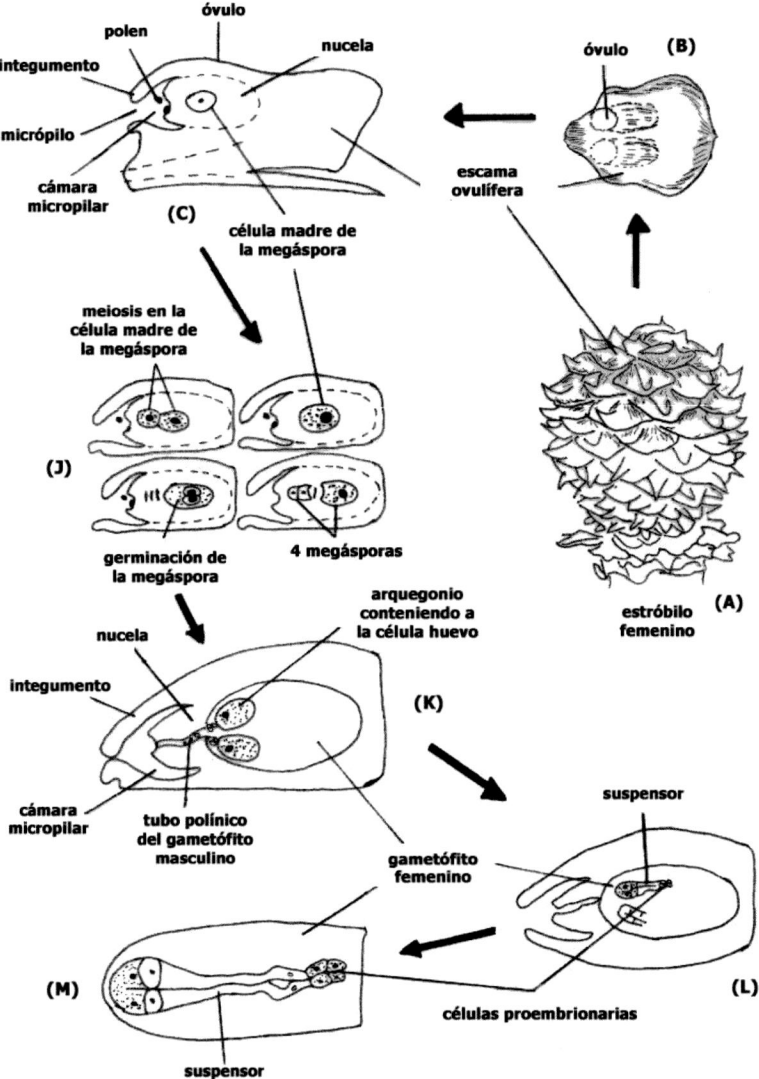

Figura 2.5. Etapas del ciclo de vida de un pino. (A) Cono femenino inmaduro. (B) Escama de un cono femenino que muestra dos óvulos en su parte superior. (C) Corte de un cono femenino que muestra la célula del megasporócito y el polen en la cámara micropilar. (D) Cono masculino. (E) Escama de un cono masculino. (F) Corte transversal de una escama. (G) Grano de polen con sus estructuras en forma de alas. (H) Desarrollo del gametófito masculino. (I) Tubo polínico en el momento de penetrar la nucela. (J) Formación de la tétrada de megásporas. (K) Gametófito femenino con su célula huevo y el tubo polínico. (L) Suspensor y esporófito proembrionario dentro del gametófito. (M) Proembrión. (N) Corte de la semilla. (O) Semilla con alas. (P) Plántulas.

Al principio, los óvulos aparecen como pequeñas protuberancias en la superficie superior de la escama, cerca del eje del cono. Muy pronto, se forma una capa protectora de células o integumento en la superficie externa del óvulo, cerca del eje del cono, hay una pequeña abertura, el micrópilo, a través del cual pueden entrar los granos de polen.

En el pino, un megasporócito se encuentra en el centro de cada óvulo (Figura 2.5); varios de ellos se encuentran en los óvulos de las sequoias y los cipreses. El megasporócito está rodeado por un tejido nutritivo denominado nucela (Figura 2.5). La nucela en realidad es un megasporangio, pues rodea la zona donde nacen las megásporas. Gametófito femenino: Muy pronto, el megasporócito se divide por meiosis y produce cuatro megásporas dispuestas generalmente, en una sola hilera de cuatro células. El núcleo de cada megáspora tiene un número haploide de cromosomas. Por lo regular, sólo una de las cuatro megásporas se desarrolla en un gametófito femenino, ya que las otras 3 degeneran. La germinación de la megáspora y el crecimiento del gametófito femenino progresan muy lentamente. En la mayoría de las coníferas se requieren varios meses e incluso el pino requiere de trece meses.

El desarrollo del gametófito femenino se lleva a cabo exclusivamente en el interior del óvulo. La megáspora sufre una serie de divisiones, las divisiones nucleares se suceden hasta formar un número elevado de núcleos libres. Finalmente cesan las divisiones formándose las paredes celulares entre los núcleos (Figura 2.6 A). El cuerpo multicelular resultante es el gametófito femenino (Figura 2.6 B). Durante las últimas etapas de su desarrollo, ocurre la diferenciación de 2 a 5 arquegonios en el extremo micropilar del gametófito. Directamente detrás del micrópilo hay un espacio, la cámara micropilar; los tejidos de la nucela se localizan entre la cámara y los arquegonios.

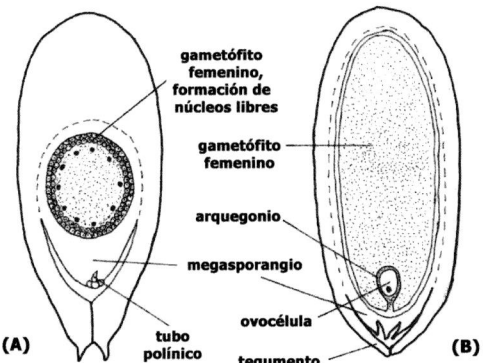

Figura 2.6. Estadios avanzados del desarrollo del óvulo del pino. (A): desarrollo del gametófito femenino al final de la primera estación de crecimiento. El micrópilo está completamente cerrado. (B): gametófito femenino maduro. El óvulo se encuentra listo para la fecundación.

2.3.4. Filum Coniferofita. Gnetales

El leño de las Gnetales actuales tiene radios pequeños y tráqueas que no son homólogas a las de los Magnoliópsidos.

Welwitschia, Gnetum y *Ephedra* son representantes actuales de este grupo de plantas. La primera crece hundida en el suelo del desierto de Namibia y las plantas adultas tienen solo un par de hojas grandes acintadas, que crecen de forma continua desde la base, a la vez que se va desecando el extremo. Por el contrario, *Ephedra* tiene hojas pequeñas escuamiformes y crece formando arbustos con aspecto de retama, y es el único representante del grupo en nuestra flora. Mientras que las hojas simples decusadas con nervadura pinnada y formando bejucos, arbustos o lianas en las selvas ecuatoriales es característico de *Gnetum*. Las flores masculinas de las Gnetales tienen una envuelta de 1 o 2 pares de brácteas y entre 1-6 estambres. Las flores femeninas tienen solo un primordio seminal.

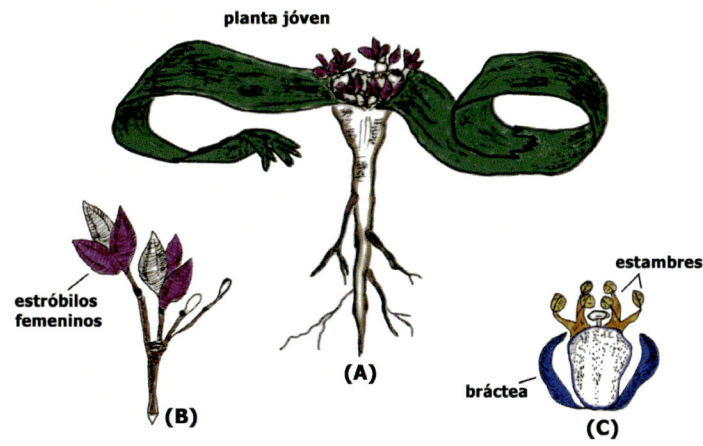

Figura 2.7. *Welwitschia mirabilis.* (A) Planta joven con inflorescencias (estróbilos) femeninas. (B) Estróbiolos femeninos. (C) Flor masculina.

2.4. Angiospermas

Las últimas investigaciones apuntan a que los primeros fósiles de angiospermas provienen de principios de la era secundaria. Sí que hay certeza de que, en el cretácico, hubo una gran diversificación de estas.

Las Angiospermas no sólo son el grupo más amplio y de más éxito, sino también el más importante para la vida y la supervivencia del hombre, que depende de ellas como fuente principal de alimentos y recursos, bien directamente a través de los cultivos agrícolas u hortícolas, como cereales, legumbres y frutos, o indirectamente por medio de su posibilidad de proveer de pastos o alimentos a los animales de los cuales el hombre se nutre. Estas plantas se utilizan también como fuente de materiales para la construcción y abrigo, fabricación de papel, tejidos, y obtención de fibras, aceites, ceras, especias, drogas, medicinas, taninos, tóxicos, bebidas, etc. La lista es interminable.

Debido a su dominancia, las plantas con flores constituyen los elementos principales de la vegetación del paisaje, proporcionando biotopos para la mayoría de los animales de vida terrestre.

Las Angiospermas se caracterizan por la posesión de verdaderas flores, más avanzadas y complejas que las estructuras reproductoras de las gimnospermas, por ejemplo, coníferas, de las cuales casi seguramente han derivado.

Un carácter importante de las angiospermas es que los óvulos están dentro de un ovario coronado por un estilo y estigma, siendo este último el encargado de captar los granos de polen. Esto contrasta con lo que ocurre en las gimnospermas, en las que los óvulos se presentan expuestos sin protección.

Un hecho ocurrido en estrecha asociación con la evolución de la flor fue el de la reducción del gametófito femenino (la etapa del ciclo de vida de la planta en la que se desarrollan los gametos femeninos); en la madurez consiste sólo en un saco embrionario con ocho núcleos; el saco, una vez maduro, sufre un proceso de doble fecundación: un núcleo masculino (gameto) producido por el grano de polen fecunda a la oosfera que, entonces, se transforma en el embrión; otro núcleo masculino se fusiona con dos núcleos femeninos dando lugar al endospermo o tejido nutricio de la semilla. La aparente singularidad del saco embrionario de ocho núcleos y el hecho de la doble fecundación se interpretan como una de las mayores evidencias de la coherencia evolutiva de las plantas con flores y de su diferencia con los demás grupos de plantas.

Las Angiospermas no sólo han desarrollado órganos reproductores diversos y de gran complejidad, sino también un nivel muy avanzado de diferenciación y estructura celular, especialmente en los tejidos conductores de agua (xilema) que contienen células en forma de tubo llamadas elementos de los vasos que sólo faltan en algunos miembros primitivos. Su alto nivel de eficiencia fisiológica y su amplio espectro de plasticidad vegetativa y diversidad floral han permitido a estas plantas ocupar casi todos los extremos que existen sobre la Tierra.

De entre las angiospermas actuales se considera como las más primitivas "**Early Angiosperms**" a las Amboreláceas, procedentes de Nueva Caledonia, como la línea más primitiva; una familia de flores pequeñas de menos de 5 mm. Muy cerca se encuentran también las Ninfeáceas (*Nymphaea* y *Nuphar*) y las Austrobaleyales (*Illicium*, anís estrellado).

Muy próximas a ellas las Magnóliids (*Magnolia, Laurus* y *Piper...*), siendo además éstas últimas nexo de unión de las **Monocots** (monocotiledóneas) y de las **Eudicots** (eudicotiledóneas). Se considera, por tanto, a las Magnóliids como un grupo basal del que se han originado la mayoría de las angiospermas (Tabla 2.1).

Este grupo de plantas, las Magnólidas, tiene hoy escasa representación en cuanto al número de especies. Se caracterizan por poseer frecuentemente hojas simples, flores con pocas o numerosas piezas dispuestas en helicoidal y carpelos generalmente libres.

Las monocotiledóneas, que representan un cuarto de las angiospermas, son un grupo muy bien conocido y caracterizado. Plantas mayoritariamente herbáceas, con un solo cotiledón, haces conductores dispersos en el tallo y en disposición poliarca en raíces, hojas planas acintadas y paralelinervias, flores compuestas por verticilos trímeros y granos de polen con un solo sulco o poro.

2.4.1. CLADO Magnoliids

Situadas en la base del árbol genealógico, con más de 10 000 especies, incluidas magnolias, canela, laurel, aguacate, nuez moscada. El grupo se caracteriza por flores de diferentes tipos: con numerosas piezas florales dispuestas helicoidalmente, o bien órganos florales dispuestos en verticilos trímeros, y otras veces con flores sencillas de pocas piezas. Carpelos libres en general. Polen con un poro. Algunas de sus especies están entre las más primitivas de las Angiospermas y por ello comparten algunas similitudes con las Gimnospermas, como la disposición helicoidal de los estambres y los carpelos.

2.4.2. CLADO Monocots (Monocotiledóneas)

Las monocotiledóneas son un grupo de plantas con características muy definidas. Un grupo natural y fácil de reconocer.

Su nombre hace alusión a que poseen un solo cotiledón. La raíz principal es de corta duración, y es sustituida tempranamente por numerosas raíces adventicias de origen caulinar. Los haces conductores aparecen dispersos en la sección transversal del tallo; carecen de cambium vascular y por tanto se trata de haces vasculares cerrados. Ni el tallo ni la raíz presentan en general crecimiento secundario, hay algunas excepciones (*Yucca*, *Dracaena*). Los vástagos epígeos se ramifican poco. Las hojas, generalmente, se insertan en el tallo por una amplia vaina, y con frecuencia carecen de peciolo; suelen ser paralelinervias y alternas.

Las flores están constituidas a base de verticilos trímeros, según la fórmula floral general:

$$P\ 3+3\ A\ 3+3\ G\ (3)$$

Son característicos los nectarios florales, situados entre las paredes de los carpelos.

En cuanto a formas biológicas, tienen gran importancia en este grupo los hidrófitos, y principalmente las herbáceas, así como las plantas terrestres perennes.

Los granos de polen son monocolpados.

ORDEN LILIALES

Se caracterizan por la secreción de néctar en la base de los estambres y de los tépalos. Las liliáceas presentan bulbos y las colquicáceas, tubérculos

ORDEN ASPARAGALES

La producción de néctar se da en los nectarios septales. Las semillas, con frecuencia, son de color negro debido a los fitomelanos. Las Asparagales "inferiores" tienen ovario ínfero. En la flora centroeuropea están representadas por las Iridáceas y Orquidáceas.

Las Asparagales "superiores" tienen, a menudo, ovarios súperos. En la flora centroeuropea están representadas por las Amarilidáceas, Asparagáceas, Convalariáceas y las Hiacintáceas.

ORDEN ARECALES Y POALES

Tienen en común la presencia de ácido ferúlico ligado a la pared celular que refleja la radiación ultravioleta, inclusiones de sílice en las células epidérmicas y varillas céreas epicuticulares.

Las Arecales con una sola familia, las Arecáceas (palmeras o palmas).

Las Poales agrupan a numerosas familias, generalmente polinizadas por el viento y más o menos graminoides. Las Poáceas o Gramineas son extraordinariamente importantes por los usos que tienen para el hombre y como parte integrante de la vegetación.

ORDEN ZINGIBERALES

Son hierbas bastante grandes, a veces de tamaño gigante, como *Musa*, *Ravenala* o *Strelitzia*. Falta el tallo aéreo salvo el que da las flores.

Las hojas están bien diferenciadas en pecíolo, lámina (limbo), y vaina persistente. La venación es pinada (más específicamente peni-paralela). Las láminas están muchas veces rotas entre las venas secundarias. La ubicación de las hojas inmaduras en la yema (ptyxis) es supervoluta (es decir, las dos mitades de la lámina están enrolladas en un tubo a lo largo del eje longitudinal, una mitad enrollada completamente dentro de la otra).

2.4.3. CLADO Eudicots (Eudicotiledóneas)

Caracterizado por tener dos cotiledones en su semilla. Flores dispuestas en verticilos, flores cíclicas, y granos de polen tricolpados o derivados de ellos (tricolporados).

El término significa "verdaderas dicotiledóneas" y representan aproximadamente el 70% de las Angiospermas. Las Angiospermas restantes incluyen Monocots, Magnoliids y Angiospermas tempranas.

Monocots y Eudicots se originaron hace unos 140-150 millones de años. Unos 25 m.a. después que las angiospermas tempranas (early angiosperms).

CLADO SUPERROSIDS

Formado por Saxifragales y Rosids

CLADO ROSIDS (Rósidas)

Un gran grupo de plantas que comprende unas 70.000 especies, distribuidas en los clados Fabibds y Malvids.

Comprende los siguientes órdenes: Vitales, Geraniales, Myrtales, Cucurbitales, Fabales, Fagales, Malpighiales, Oxalidales, Rosales, Brassicales, Malvales y Sapindales. Flores con perianto doble, a menudo con pétalos libres, dos verticilos de estambres, y muchas veces un gineceo cenocárpico provisto de primordios nucleares tenuinucelados con dos tegumentos y formación nuclear del endosperma. Son frecuentes los flavonoides trihidroxilados y el ácido elágico.

CLADO FABIDS

ORDEN VITALES

Principalmente plantas leñosas, trepadoras, provistas de zarcillos.

ORDEN FABALES

En general, gineceo apocárpico y con un solo carpelo. Hojas con estípulas.

Las Fabáceas (leguminosas) se caracterizan en especial por tener un único carpelo y súpero, que da una legumbre polisperma y dorsicida.

ORDEN ROSALES

Se caracteriza por tener semillas con poco o nada de endospermo. Muchas de sus especies son plantas leñosas. Las hojas generalmente presentan estípulas.

ORDEN FAGALES

Comprende árboles o arbustos polinizados por el viento. Flores generalmente unisexuales, en distribución monoica, perianto simple y muy reducido. Hojas con pelos estrellados o glandulares. Frutos de tipo núcula.

ORDEN CUCURBITALES

Generalmente son plantas herbáceas, cuyas hojas tienen los nervios secundarios palmeados. Las flores con frecuencia unisexuales, las femeninas de gineceo ínfero, con estilos libres.

ORDEN MALPIGIALES

Grupo heterogéneo que tiene su máxima expansión en los trópicos del Nuevo Mundo (América). El gineceo es trímero, con estigmas secos.

CLADO MALVIDS

ORDEN MIRTALES

El orden es morfológicamente diverso con hierbas herbáceas, lianas y árboles. Las Myrtales poseen dos características anatómicas de la madera extremadamente raras: haces vasculares bilaterales en el tallo primario, y haces vasculares en las depresiones marginales del xilema secundario, combinación que no es común en la mayoría de las angiospermas. Otra característica inusual que se observa en la mayoría de las especies de las Mirtáceas es la presencia de lignotubérculos. Estos órganos son excrecencias grandes, leñosas y redondeadas, de hasta varios centímetros de diámetro, que rodean la base del tronco del árbol joven.

ORDEN SAPINDALES

Plantas tropicales o subtropicales de porte leñoso y con hojas divididas en algunas especies y sin estípulas. Las flores radiadas, a menudo tetrámeras y/o pentámeras, y presentan en ocasiones un disco basal nectarífero.

ORDEN MALVALES

Orden bien caracterizado y conocido. Presencia de conductos y cavidades mucilaginosas; pelos estrellados y androceos centrífugos. Es característica, también, la presencia de floema estratificado.

Los análisis moleculares han demostrado claramente que las Bombacáceas, Tiliáceas y Esterculiáceas deben ser incluidas en esta familia. Nosotros estudiaremos las Malváceas *sensu stricto*

ORDEN BRASICALES

Se caracterizan por la presencia de glucosinolatos y del enzima mirosinasa. Ambas sustancias al contacto liberan aceite de mostaza, un repelente para los herbívoros.

CLADO SUPERASTERIDS

Formado por Bereberiopsidales, Santalales, Cariofilales.

ORDEN CARIOFILALES

Es un orden de plantas Angiospermas. Este orden es muy heterogéneo incluye cactus, ciertas plantas carnívoras, amarantos, acelga, espinaca y buganvillas entre los taxones y especies más representativos. Hierbas de ambientes extremos: a veces xéricos, salinos o deficientes en nitrógeno. La mayoría de sus familias producen betalaínas.

Si bien su circunscripción es bastante discutida en el caso de algunos grupos, esta clasificación proviene esencialmente del análisis molecular más que de caracteres morfológicos.

CLADO ASTERIDS

Un gran grupo de plantas, aproximadamente un tercio de las plantas con flores.

ORDEN ERICALES

La monofilia de este orden está sostenida principalmente por caracteres moleculares y se conocen escasas sinapomorfías morfológicas, por lo que resulta muy difícil caracterizarlas en este aspecto cáliz gamosépalo y corola gamopétala. Las familias comparten ciertos compuestos químicos (ácido elágico) y caracteres embriológicos como la placenta difusa protrusiva.

ORDEN SOLANALES

Se caracterizan por tener alcaloides esteroideos y tropánicos con importantes aplicaciones médicas. Las flores son de simetría radiada. Las hojas son alternas, enteras y sin estípulas.

ORDEN LAMIALES

Presentan un gineceo de 2 o 4 carpelos, hojas generalmente opuestas y pelos glandulares.

ORDEN ASTERALES

Este orden se caracteriza por tener como sustancia de reserva el polisacárido inulina (compuesto de unidades de fructosa).

ORDEN APIALES

Las hojas son alternas y de nerviación palmada. Las flores generalmente pequeñas, pentámeras y de simetría radiada. Se caracterizan por secretar aceites esenciales en conductos o canales de origen esquizogénico.

CAPÍTULO 3

Familia CICADÁCEAS

cono de esporófilos masculinos

estambres

óvulos

cono de esporófilos femeninos

esporófio (carpelo) con 6 óvulos

aspecto general

Figura 3.1. Cicadáceas. *Cycas revoluta* (cicas).

FAMILIA CICADÁCEAS
(Familia de las cicas)

Orden CICADALES
(Gimnospermas de hoja pinnada)

Distribución Geográfica

Familia con unas 40 especies agrupadas en un único género (fósiles vivientes). Propia de las regiones tropicales y subtropicales. Alcanzaron su máximo esplendor a partir del Triásico (Mesozoico).

Caracteres diagnósticos

- Plantas leñosas de tronco no ramificado y con un penacho terminal de hojas compuestas (pinnadas).
- Crecimiento lento, alcanzan hasta 10 m de altura.
- Su aspecto recuerda al de las palmeras o los helechos arborescentes.
- Dioicos. Sacos polínicos y óvulos sobre esporófilos escamiformes, agrupados en conos compactos de tamaño grande.
- Espermatozoides voluminosos y móviles.

Géneros más importantes y usos

Cycas
Cycas revoluta, cicas (Figura 3.1)

Los pies femeninos son muy utilizados en jardinería. Del tronco se obtiene una fécula amilácea (sagú) de fácil digestión (Figura 3.2-Figura 3.7).

Figura 3.2. *Cycas revoluta* (cica).

Figura 3.3. *Cycas revoluta* (cica).

Figura 3.4. *Cycas revoluta* (cica). Pie femenino.

Figura 3.5. *Cycas revoluta* (cica). Esporólifos con óvulos.

Figura 3.6. *Cycas revoluta*
(cica). Pie masculino.

Figura 3.7. *Cycas revoluta* (cica).
Esporófilos de sacos polínicos.

CAPÍTULO 4

Familia GINKGOÁCEAS

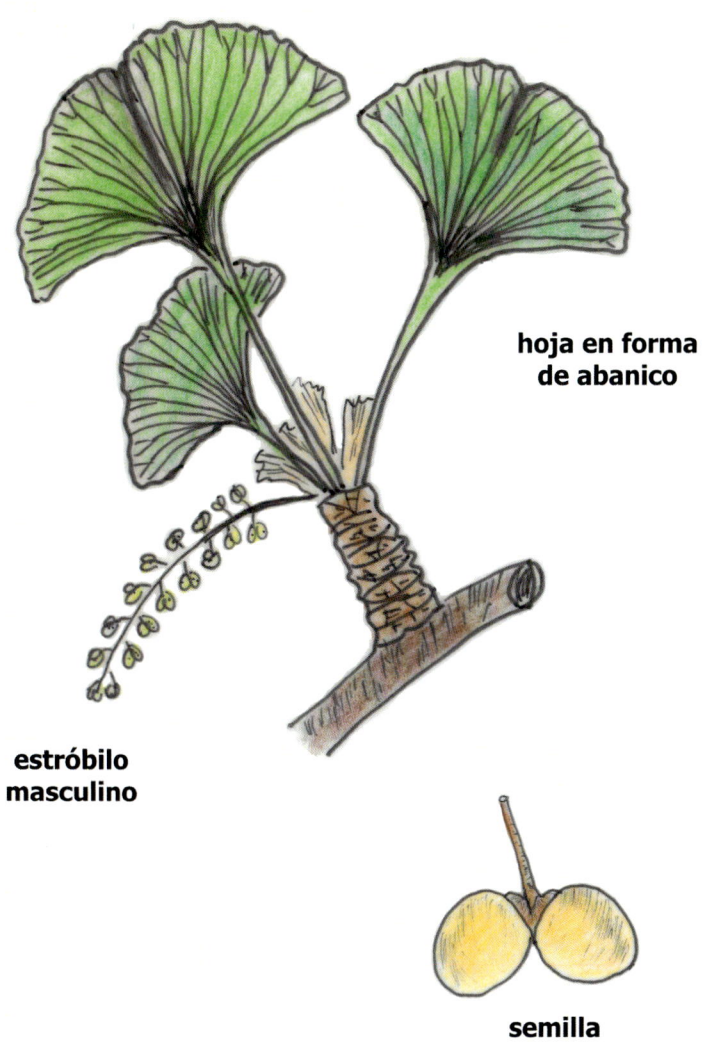

**hoja en forma
de abanico**

**estróbilo
masculino**

semilla

Figura 4.1. Ginkgoáceas. Ginkgo biloba (árbol del culantrillo).

Familia GINKGOÁCEAS
(Familia del ginkgo)

Orden GINKGOALES
(Gimnospermas de hoja dicótoma)

Distribución geográfica

El ginkgo es la única especie viviente en estado natural, y ocupa unas pocas localidades de China, aunque actualmente se encuentra extendido por todo el mundo como árbol ornamental en parques y jardines. Es muy resistente a la contaminación. Se conocen fósiles desde el Pérmico, pero alcanzaron su máximo esplendor en el Mesozoico.

Caracteres diagnósticos

- Representada por una única especie viviente.
- Árbol de hoja caduca de gran altura, alcanza los 30 m.
- Crecimiento monopódico.
- Hojas en forma de abanico, dividida en dos partes iguales por una depresión.
- Nervadura dicótoma.
- Dioicas: estróbilo masculino racimo amentáceo. Óvulos en pares, o de uno en uno, sobre largos pedúnculos. Espermatozoides móviles.
- Fruto en drupa, de color amarillento y de olor fétido.

Géneros más importantes y usos

Ginkgo

Ginkgo biloba – árbol del culantrillo, árbol de los 100 escudos (Figura 4.1) Los pies masculinos son cultivados en parques y jardines como ornamental (Figuras 4.2-4.4).

Figura 4.2. *Ginkgo biloba* (árbol del culantrillo).

Figura 4.3. *Ginkgo biloba* (árbol del culantrillo). Estróbilo masculino.

Figura 4.4. *Ginkgo biloba* (árbol del culantrillo). Detalle de la hoja.

CAPÍTULO 5

Familia PINÁCEAS

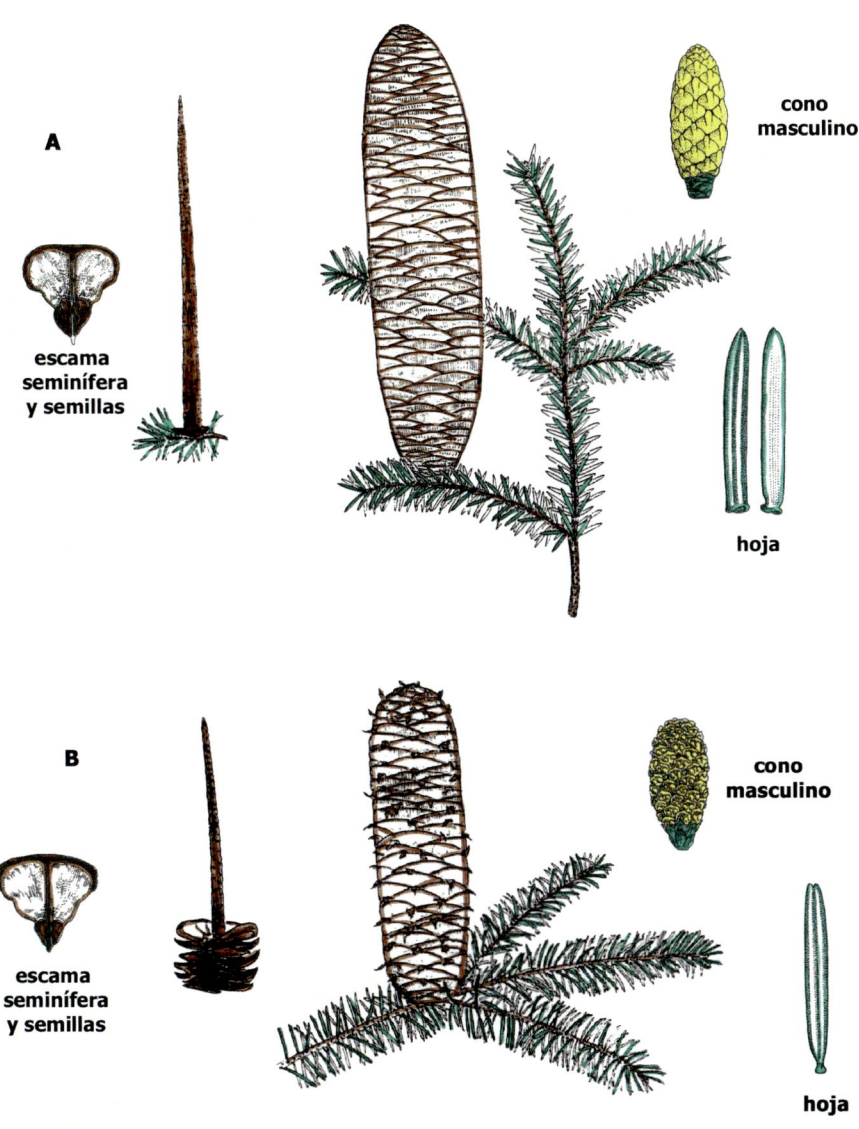

Figura 5.1. Pináceas. (A) *Abies pinsapo* (pinsapo). (B) *Abies alba* (abeto blanco).

Familia PINÁCEAS

(Familia de los pinos, cedros y abetos)

Orden CONIFERALES

(Gimnospermas de hoja acicular)

Distribución geográfica

Familia de unas 200 especies, que predominan en los bosques boreales y en las zonas montañosas de ambos hemisferios.

Caracteres diagnósticos

- Coníferas = portadoras de conos (Figuras 5.1-5.6).
- Árboles perennifolios, resinosos.
- Hojas aciculares, dispuestas helicoidalmente.
- Monoicos con estróbilos (conos) cónicos de dos tipos:
  - Conos de semilla: leñosos, con dos semillas en cada escama seminífera.
  - Conos de polen: pequeños, situados en los extremos de las ramas inferiores, de vida corta (se marchitan después de liberar el polen).
- Polen y semillas generalmente alados.
- Todos presentan micorrizas autotróficas (ectomicorrizas).

Géneros más importantes y usos

Abies – abetos (Figura 5.7)
- Árboles de porte piramidal.
- Propio de zonas templadas del hemisferio norte.
- Piñas erectas que se desintegran en la madurez.
- Exigentes en cuanto a clima y suelo.
- Importancia forestal.

Abies alba – abeto blanco (Figura 5.1B).
Confinado a la región pirenaica.

Abies pinsapo – pinsapo (Figura 5.1A).
Endémico de algunas Sierras de Cádiz y Málaga.

Abies balsamea – abeto balsámico.

Nativo de Estados Unidos y Canadá. De él se obtiene el bálsamo de Canadá utilizado en microscopía.

Pinus – pinos (Figuras 5.2-5.5).

- Género de gran importancia forestal y maderero.
- Poco exigente en suelo y clima.
- Hojas persistentes, agrupadas en fascículos de 2, 3 y 5.
- Madera dura y resinosa.

Pinus halepensis – pino alepo, carrasco (Figura 5.2).
Desde el mar hasta los 1200 m. Resistente a la sequía. Acículas delgadas y flexibles de 2 en 2. Tronco tortuoso blanquecino (Figuras 5.8 y 5.9).

Pinus pinaster – pino rodeno, marítimo.
Desde el mar hasta los 1500 m. Crecimiento rápido. Prefiere los suelos silíceos. Acículas largas de 2 en 2. Se aprovecha la madera y la resina para elaborar la esencia de trementina (aguarrás) (Figuras 5.10 y 5.11).

Pinus pinea – pino piñonero (Figura 5.3).
Desde el mar hasta los 1000 m. Típico mediterráneo. Copa de forma redondeada, pero de adulto adquiere aspecto aparasolado; esto lo distingue de cualquier otro pino. Acículas largas de 2 en 2. Semilla (piñón) comestible (Figuras 5.12 y 5.13).

Pinus nigra – pino negral, laricio.
Desde 800 hasta los 1700 m. Acículas finas y largas de 2 en 2. Corteza gris-plata en los ejemplares jóvenes, castaño oscuro en los adultos (Figura 5.14).

Pinus sylvestris – pino silvestre o albar (Figura 5.4).
Desde los 1000 m hasta los 2000 m. Corteza rojiza en la parte superior. Acículas cortas, verde-azuladas de 2 en 2. Indiferente al sustrato. (Figuras 5.15 y 5.16).

Pinus uncinata – pino negro.
Desde los 1500 m hasta los 2500 m. Corteza negra. Ramas torcidas. Acículas cortas de 2 en 2. Indiferente al sustrato (Figura 5.17).

Pinus canariensis – pino canario (Figura 5.5).
Desde los 500 m hasta los 2500 m. Exclusivo de las Islas Canarias. Acículas largas, endebles, aspecto llorón, de 3 en 3. Da brotes de cepa (Figura 5.18).

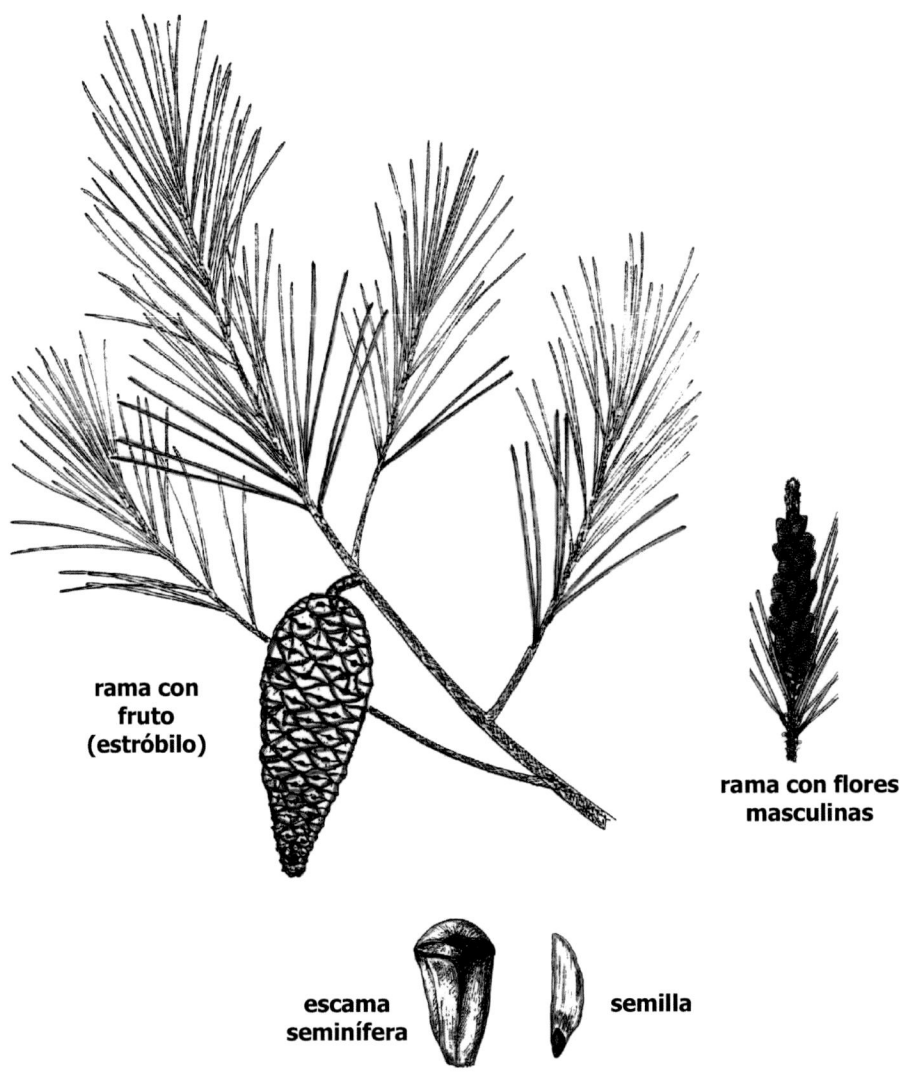

rama con
fruto
(estróbilo)

rama con flores
masculinas

escama
seminífera

semilla

Figura 5.2. *Pinus halepensis* (pino carrasco).

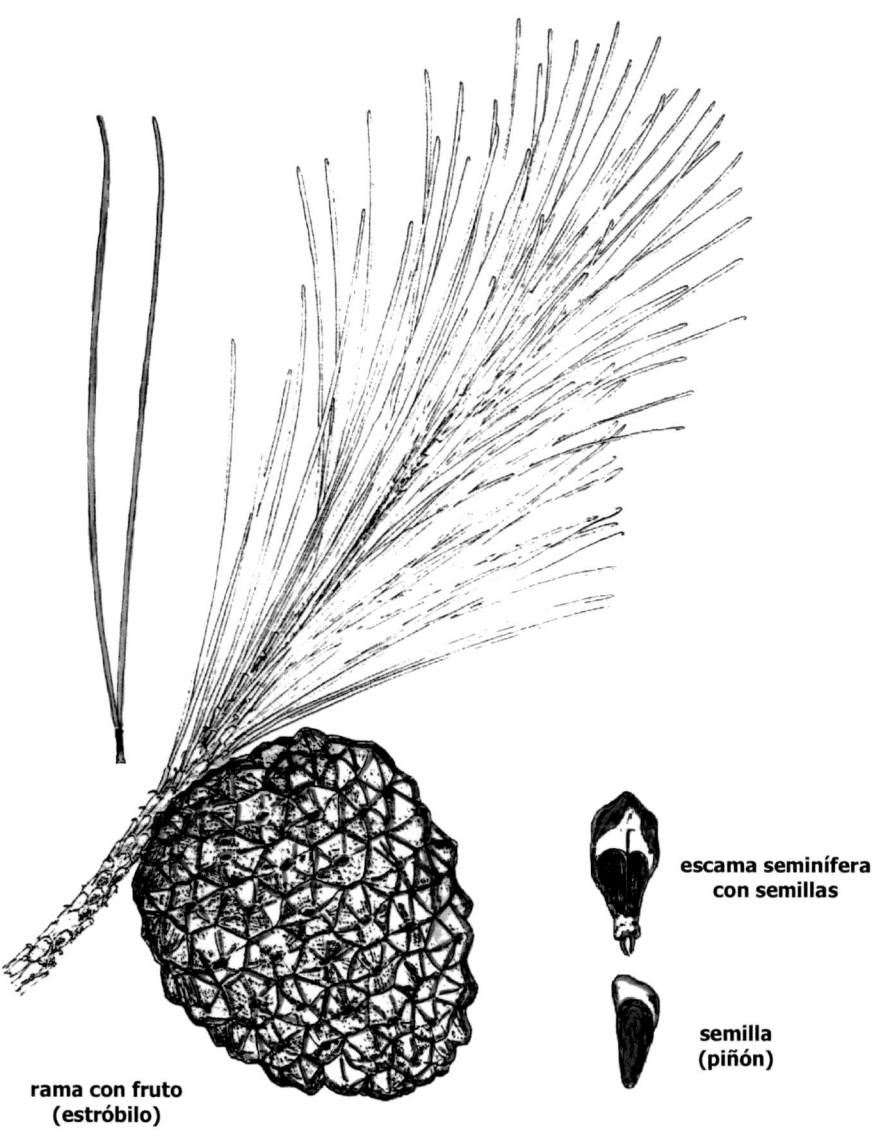

**rama con fruto
(estróbilo)**

**escama seminífera
con semillas**

**semilla
(piñón)**

Figura 5.3. *Pinus pinea* (pino piñonero).

acícula

rama con fruto

fruto (estróbilo)

escama seminífera con semillas

Figura 5.4. *Pinus sylvestris* (pino silvestre).

**rama con fruto
(estróbilo)**

**acículas
(tres en tres)**

Figura 5.5. *Pinus canariensis* (pino canario).

**rama con
conos masculinos**

**rama con fruto
(estróbilo)**

**escama
seminífera**

semilla

Figura 5.6. *Cedrus atlantica* (cedro del Atlas).

Cedrus – cedros (Figura 5.6).

- Árboles de gran porte y de crecimiento rápido.
- De adultos pierden la guía principal formándose una copa aparasolada.
- Acículas en hacecillos.
- Piñas grandes erectas u ovoides.
- Madera densa y de olor persistente (Figura 5.19).
- Cultivado como ornamental.

Cedrus atlantica – cedro del Atlas (Figuras 5.20 y 5.21)

Cedrus deodara – cedro del Himalaya (Figuras 5.22 y 5.23)

Cedrus libani – cedro del Líbano (Figura 5.24)

Figura 5.7. *Abies* sp. (abeto).

Figura 5.8. *Pinus halepensis* (pino carrasco).

Figura 5.9. *Pinus halepensis* (pino carrasco). Tronco.

Figura 5.10. *Pinus pinaster* (pino rodeno).

Figura 5.11. *Pinus pinaster* (pino rodeno). Piña.

Figura 5.12. *Pinus pinea* (pino piñonero).

Figura 5.13. *Pinus pinea* (pino piñonero). Piña.

Figura 5.14. *Pinus nigra* (pino laricio). Piña.

Figura 5.15. *Pinus sylvestris* (pino albar).

Figura 5.16. *Pinus sylvestris* (pino albar). Piña.

Figura 5.17. *Pinus uncinata* (pino negro). Piña.

Figura 5.18. *Pinus canariensis* (pino canario).

Figura 5.19. *Cedrus* sp. (cedro).

Figura 5.20. *Cedrus atlantica* (cedro del Atlas).

Figura 5.21. *Cedrus atlantica* (cedro del Atlas). Cono.

Figura 5.22. *Cedrus deodara* (cedro del Himalaya). Conos intactos.

Figura 5.23. *Cedrus deodara* (cedro del Himalaya). Conos desintegrándose.

Figura 5.24. *Cedrus libani* (cedro del Líbano). Conos.

CAPÍTULO 6

Familia TAXÁCEAS

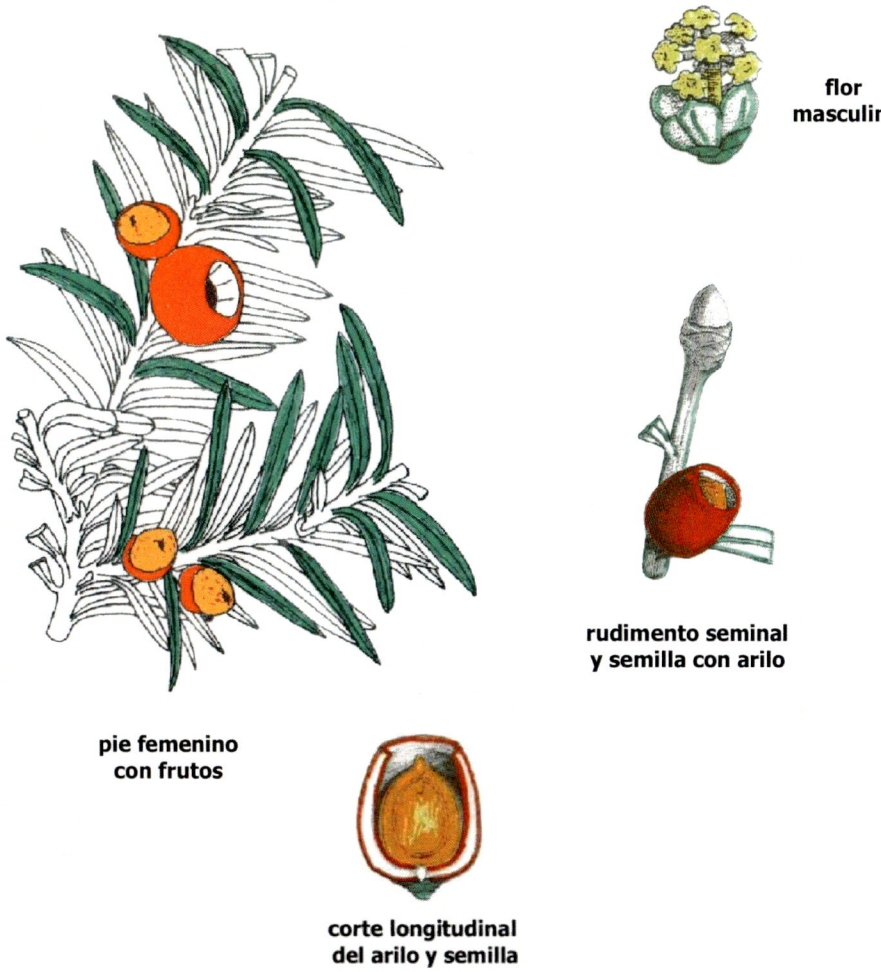

flor
masculina

rudimento seminal
y semilla con arilo

pie femenino
con frutos

corte longitudinal
del arilo y semilla

Figura 6.1. Taxáceas. *Taxus baccata* (tejo).

Familia Taxáceas

(Familia del tejo)

ORDEN CONIFERALES

(Gimnospermas de hoja acicular)

Distribución geográfica

Pequeña familia de árboles y arbustos, con unas 25 especies, la mayoría de ellas exclusivas del hemisferio norte.

Caracteres diagnósticos

- Árboles y arbustos.
- Crecimiento lento.
- Hojas aciculares dispuestas helicoidalmente.
- Dioicos, generalmente.
- Semilla rodeada por una envoltura carnosa (arilo).

Géneros más importantes y usos

Taxus

Taxus baccata – tejo (ornamental) (Figura 6.1).
Único representante europeo. Árbol de crecimiento lento, que puede alcanzar más de 20 m de altura. Hojas oscuras por el haz, planas y puntiagudas, dispuestas en espiral, aunque aparentemente parecen estar en 2 filas opuestas. Especie dioica. Flor femenina con un solo primordio seminal. Semilla envuelta parcialmente por el arilo, carnoso, rojo y de sabor dulce, que atrae a las aves que se encargan de dispersarla, es la única parte del tejo que carece del alcaloide taxina. Madera dura y elástica, antiguamente empleada en la construcción de arcos (Figuras 6.2-6.4).

Figura 6.2. *Taxus baccata* (tejo).

Figura 6.3. *Taxus baccata* (tejo). Detalle de las hojas.

Figura 6.4. *Taxus baccata* (tejo). Semilla con arilo.

CAPÍTULO 7

Familia CUPRESÁCEAS

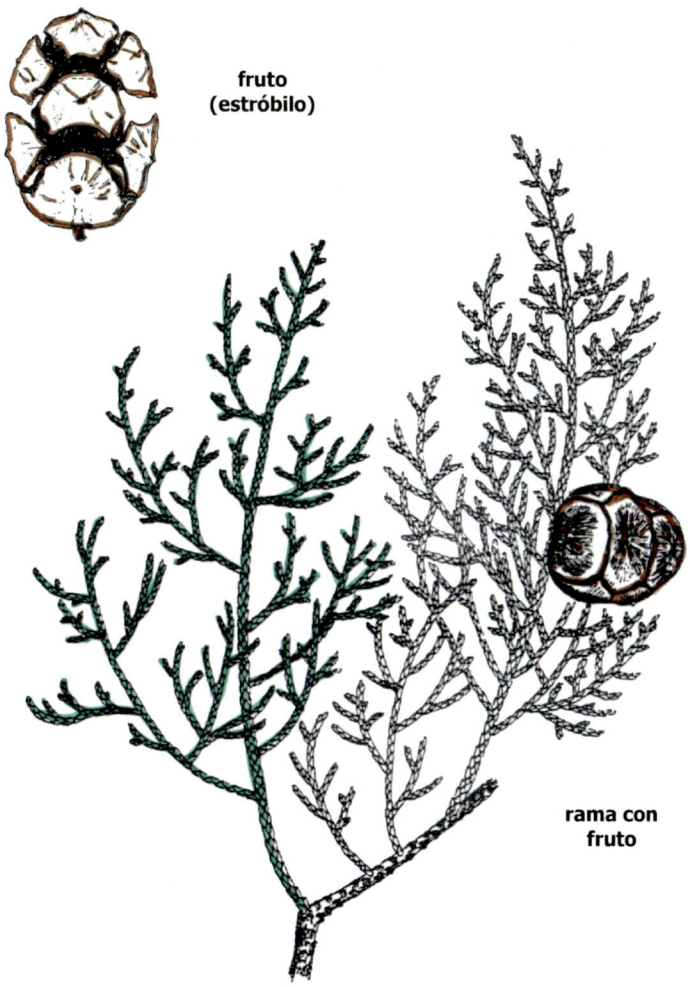

**fruto
(estróbilo)**

**rama con
fruto**

Figura 7.1. Cupresáceas. *Cupressus sempervirens* (ciprés).

FAMILIA CUPRESÁCEAS
(Familia del ciprés, enebro y sabina)

ORDEN CONIFERALES
(Gimnospermas de hoja acicular)

Distribución geográfica

Estudios recientes incluyen dentro de esta familia a las antiguas taxodiáceas. Familia de aproximadamente 140 especies, que se distribuyen por casi todo el mundo.

Caracteres diagnósticos

- Árboles y arbustos.
- Monoicos o dioicos.
- Hojas aciculares (enebros) y escuamiformes (ciprés, sabina).
- Opuestas o en verticilos de 3.
- Fruto leñoso (estróbilo) o carnoso (gálbula).

Géneros más importantes y usos

HOJAS ESCUAMIFORMES

Cupressus

Cupressus sempervirens – ciprés (Figura 7.1)
Árbol de hasta 25 m de altura, de crecimiento rápido. Porte cilíndrico-cónico. Especie monoica. Hojas diminutas y escamosas. Estróbilos. Presenta varias semillas con ala en cada escama seminífera. Resiste bien la sequía y el calor. Cultivado para formar setos, cortavientos. La costumbre de plantarlo en los cementerios lo ha convertido en un árbol sombrío, fúnebre, símbolo de la muerte (Figura 7.5).

Thuja

Thuja orientalis – tuya (Figura 7.2)
Arbusto. Hojas escamosas y ramas en un solo plano. Especie monoica. Conos femeninos (estróbilo) estrechos y ovales. Tolera mal los inviernos muy fríos. Cultivada frecuentemente como ornamental y para formar setos y cortavientos (Figuras 7.6 y 7.7).

HOJAS ACICULARES Y ESCUAMIFORMES

Juniperus
Monoicos o dioicos. Estróbilos carnosos (gálbula).

Juniperus oxycedrus – enebro de la miera (Figura 7.3B)
Arbusto dioico. Hojas aciculares en verticilos de 3, con 2 bandas blancas en el haz. Gálbulas maduras de color rojo. Por destilación de la madera se obtiene la miera o aceite de cade, de sabor acre y amargo que goza de propiedades antisépticas y vulnerarias, empleado para tratar diversas afecciones cutáneas como úlceras, eczemas y soriasis. En veterinaria se utiliza para curar la sarna del ganado, y a veces se aplica a las ovejas des pues de esquilarlas para evitar infecciones de las heridas (Figuras 7.8-7.10).

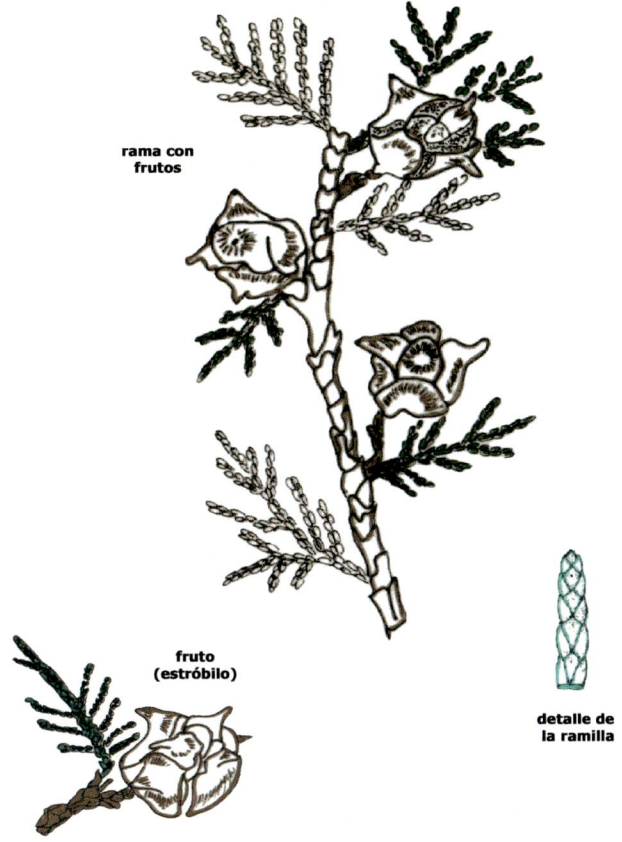

Figura 7.2. *Thuja orientalis* (tuya).

Juniperus communis – enebro común (ginebra) (Figura 7.3A)

Arbusto dioico. Hojas aciculares en verticilos de 3, con 1 banda blanca en el haz. Gálbulas maduras azuladas. El alcohol obtenido por fermentación de maíz, centeno, malta y otros granos, destilado con las gálbulas de este enebro y algunas plantas aromáticas, constituye la base para la fabricación de la ginebra (Figuras 7.11 y 7.12).

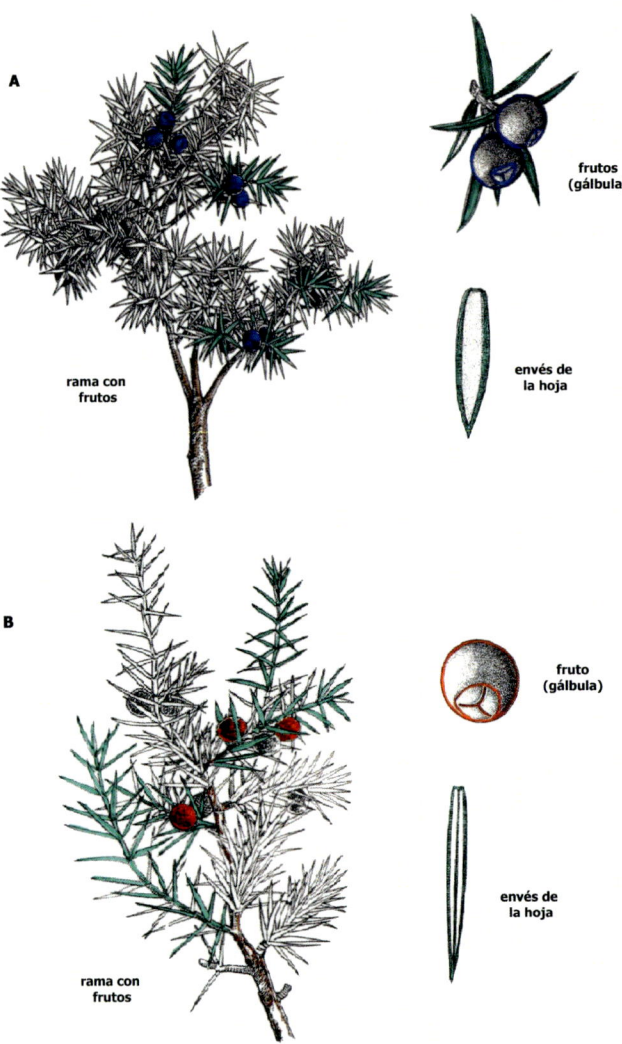

Figura 7.3. (A) *Juniperus communis* (enebro común).
(B) *Juniperus oxycedrus* (enebro de la miera).

Juniperus phoenicea – sabina negra (Figura 7.4)
Arbusto de ramas largas y cordonosas. Monoico. Hojas escamosas. Gálbulas maduras de color rojo oscuro (Figuras 7.13 y 7.14).

Juniperus thurifera – sabina albar
Árbol dioico de follaje azul. Hojas escamosas. Gálbulas maduras púrpura oscuro (Figuras 7.15-7.17).

Juniperus sabina – sabina rastrera
Arbusto dioico de porte bajo, rastrero. Hojas escamosas. Gálbulas maduras azuladas (Figuras 7.18 y 7.19).

rama con frutos (gálbulas)

detalle de la ramilla

Figura 7.4. *Juniperus phoenicea* (sabina negra).

Figura 7.5. *Cupressus sempervirens* (ciprés).

Figura 7.6. *Thuja orientalis* (tuya).

Figura 7.7. *Thuja orientalis* (tuya).

Figura 7.8. *Juniperus oxycedrus* (enebro de la miera).

Figura 7.9. *Juniperus oxycedrus* (enebro de la miera). Detalle de las hojas.

Figura 7.10. *Juniperus oxycedrus* (enebro de la miera). Fruto (gálbulas).

Figura 7.11. *Juniperus communis* (enebro común). Detalle de las hojas.

Figura 7.12. *Juniperus communis* (enebro común). Fruto (gálbulas).

Figura 7.13. *Juniperus phoenicea* (sabina negra).

Figura 7.14. *Juniperus phoenicea* (sabina negra). Fruto (gálbulas).

Figura 7.15. *Juniperus thurifera* (sabina albar).

Figura 7.16. *Juniperus thurifera* (sabina albar). Fruto (gálbulas).

Figura 7.17. *Juniperus thurifera* (sabina albar). Tronco.

Figura 7.18. *Juniperus sabina* (sabina rastrera).

Figura 7.19. *Juniperus sabina* (sabina rastrera). Fruto (gálbulas).

CAPÍTULO 8

Familia MAGNOLIÁCEAS

Figura 8.1. Magnoliáceas. *Magnolia grandiflora* (magnolio).

Familia MAGNOLIÁCEAS

(Familia de los magnolios)

ORDEN MAGNOLIALES

Distribución geográfica

Familia que comprende unas 200 especies, la mayoría originarias del sudeste asiático, pero también hay de origen americano. Habitan en regiones templadas y tropicales. De gran interés ornamental. En Europa se cultivan diferentes especies de magnolias y tuliperos. La distribución geográfica tan fragmentaria evidencia el carácter primitivo de las magnólidas que, en otros tiempos, fue muy rico en especies.

Caracteres diagnósticos

- Árboles y arbustos.
- Hojas alternas, enteras, pecioladas, con estípulas. Las estípulas caen al crecer la hoja, dejando una cicatriz característica alrededor del nudo.
- Flores bisexuales, grandes, vistosas y solitarias.
  - Periantio compuesto generalmente por 3 verticilos de tépalos libres petaloideos.
  - Estambres numerosos, libres, dispuestos helicoidalmente, con gruesos filamentos.
  - Carpelos pocos o numerosos dispuestos también helicoidalmente.
  - Fórmula floral: P6-18 A∞ G∞
  - Se la considera de las más primitivas de las Angiospermas vivientes.

Géneros más importantes y usos

Magnolia

Magnolia grandiflora – magnolio (Figura 8.1).
Árbol robusto de América del norte, de crecimiento lento, que puede llegar a alcanzar los 30 m de altura en su medio natural. Corteza lisa, grisácea. Las hojas son grandes y lustrosas, rojizas en el envés. Flores solitarias, grandes, de 25 cm de diámetro, blancas, muy olorosas, que sólo duran 3 o 4 días. Fruto en polifolículo y semillas de color rojo brillante, que al abrirse cada folículo

quedan colgando por un largo cabillo. Muy apreciada en jardinería por su follaje, que se mantiene todo el año, y por sus flores tan llamativas de aroma penetrante. Existen numerosas variedades de cultivo que se diferencian por las hojas y el tamaño de las flores (Figuras 8.2-8.6).

Liriodendron

Liriodendron tulipifera – tulipero

Árbol caducifolio, nativo de América del norte, grande, de unos 50-60 m de altura, de crecimiento bastante rápido. Tronco recto, de corteza gruesa, parda y agrietada con los años. Hojas lobuladas, de color verde vivo por el haz y más pálido por el envés. Flores solitarias, arropadas por las hojas, grandes, acampanadas, verdeamarillentas con la base de los pétalos anaranjados. Se cultiva como ornamental y también por su madera, ligera, blanda, de grano fino, que se usa en la construcción de casas, botes y diversos artículos de madera.

Figura 8.2. *Magnolia grandiflora* (magnolio).

Figura 8.3. *Magnolia grandiflora* (magnolio). Flor.

Figura 8.4. *Magnolia grandiflora* (magnolio). Detalle de la Flor.

Figura 8.5. *Magnolia grandiflora* (magnolio). Flor y fruto (polifolículo) en desarrollo.

Figura 8.6. *Magnolia grandiflora* (magnolio). Detalle del fruto (polifolículo).

CAPÍTULO 9

Familia LAURÁCEAS

gineceo

estambres

estaminodios

* P(4) G(<u>3</u>)

* P(4) A8-12

Figura 9.1. Lauráceas. *Laurus nobilis* (laurel).

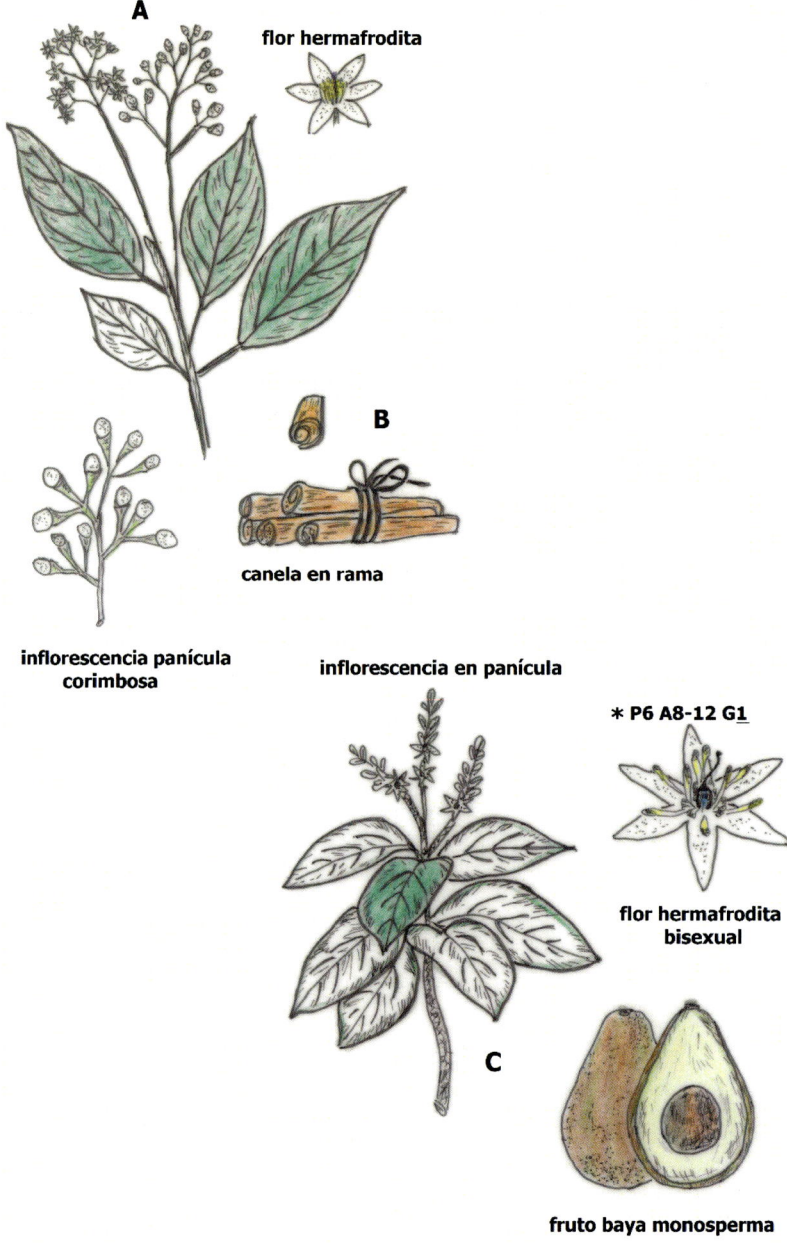

A

flor hermafrodita

B

canela en rama

inflorescencia panícula corimbosa

inflorescencia en panícula

✳ **P6 A8-12 G1**

flor hermafrodita bisexual

C

fruto baya monosperma

Figura 9.2. Lauráceas. (A) *Cinnamomum camphora* (alcanforero), (B) *Cinnamomum verum* (canelo), (C) *Persea amaricana* (aguacate).

FAMILIA LAURÁCEAS

(Familia del laurel, aguacate y canelo)

ORDEN LAURALES

Distribución geográfica

Familia importante por su diversidad y amplia distribución. Comprende unas 2500 especies, la mayoría distribuidas por zonas tropicales y subtropicales de ambos hemisferios, con máxima dispersión en el sudeste de Asia y América tropical, y con pocos representantes en las zonas templadas.

Caracteres diagnósticos

- Árboles y arbustos perennifolios, muchos de ellos aromáticos.
- Hojas simples, alternas, coriáceas y persistentes, lanceoladas u oblongo-lanceoladas. Ricas en células secretoras que contienen aceites esenciales.
- Flores reunidas en inflorescencias (racimo, panículas o espigas), actinomorfas, bisexuales (aguacate, canela) o unisexuales (laurel), en verticilos dímeros o trímeros.
  - Periantio poco aparente, monoclamídeo por la ausencia de corola, con gran variabilidad de piezas
  - En general de 8-12 estambres, a veces transformados en estaminodios en las flores femeninas.
  - Ovario súpero.
  - Fórmula floral:
    - Laurel: masculina * P(4) A8-12   femenina * P(4) G($\underline{3}$) (Figura 9.1).
    - Aguacate: * P6 A8-12 G($\underline{1}$) (Figura 9.2C).
- Fruto en baya monosperma, o drupa, a veces recubierto por el receptáculo a modo de cúpula.

Géneros más importantes y usos

Familia importante desde el punto de vista económico, no sólo por sus frutos (aguacate), sino sobre todo por la riqueza en aceites esenciales (canela, alcanfor, etc.) extraídos de las hojas y cortezas de los árboles y muy utilizados desde tiempo inmemorial.

Laurus

Laurus nobilis – laurel (condimento, medicinal) (Figura 9.1)

Árbol dioico que se extiende por la región Mediterránea e Islas Azores, siendo difícil distinguir su área espontánea por haberse extendido tanto su cultivo. Flores unisexuales, dispuestas en umbelas axilares. Fruto en baya. Las hojas son coriáceas y persistentes y dotadas de células oleíferas. Se cultiva en numerosos lugares principalmente por el interés de sus hojas como condimento. También en medicina popular como tónico estomacal, colagogo y carminativo. El aceite esencial se usa como antibacteriano, para tratar micosis cutáneas y ungulares, y dolores reumáticos (Figuras 9.3-9.5).

En Canarias existe la especie *L. canariensis*, con hojas más anchas, nervios del envés con pelos, y de olor más suave.

El laurel tiene connotaciones simbólicas. En Grecia, se hacían coronas con ramas de laurel que les ponían a los vencedores en los juegos olímpicos y por extensión a generales y emperadores romanos, llegando hasta nuestros días como símbolo de la victoria, y dando origen a la palabra bachillerato (Bacca-laureatus).

Persea

Persea americana – aguacate (comestible) (Figura 9.2C)

Árbol monoico originario de México y Guatemala. Cultivado extensamente por su fruto (baya) el aguacate o palta, y conocido como "oro verde". Los aztecas lo llamaron "ahuacatl" (testículo), por su forma natural colgando del árbol, mientras que los primeros españoles lo llamaron "pera de las Indias", por su semejanza con las peras españolas. Conocido en todo el mundo por ser el ingrediente principal del guacamole. Su pulpa es muy rica en ácidos grasos monoinsaturados (ácido oleico), minerales (magnesio y potasio), vitaminas (C, E y B6) y fibra soluble e insoluble. México es el principal productor y exportador de aguacate, siendo la variedad "Hass" la que más se comercializa. El aguacate es un producto que se consume cada vez más en España y Europa, y la ventaja de producirse aquí es que llega antes al consumidor.

El cultivo en España se localizó, en sus inicios, en Málaga, Canarias y Granada, pero actualmente además de Andalucía (97%) se ha extendido a otras comunidades como Comunidad Valenciana, Galicia, Asturias y País Vasco (Figuras 9.6-9.9).

Cinnamomum

Cinnamomum verum (*C. zeylanicum*) – árbol de la canela (condimento, medicinal) (Figura 9.2B)

Árbol nativo de Sri Lanka (antiguo Ceilán), pero cultivado también en Indonesia, Vietnam y China. La corteza es la parte más importante, ya que de ella se extrae la canela; concretamente de la parte interna de los tallos rebrotados. Se rascan los tallos para eliminar la corteza exterior, de color gris, y así resulta más fácil cortar largas láminas (peladuras) de la corteza interior, más ligera. Las peladuras se dejan secar al sol y se enrollan para formar las piezas curvadas que compramos como "canela en rama". Se comercializa en bastoncitos o molida. Se utiliza para aromatizar comidas, licores, pasteles y perfumes. El aceite esencial es carminativo, antiséptico, estimulante en estado de agotamiento y para calmar el dolor de muelas (odontalgia).

Cinnamomum camphora – alcanforero (medicinal) (Figura 9.2A)
El alcanforero es un árbol muy apreciado, por sus múltiples virtudes, desde la antigüedad. Originario de Malasia, Japón y Taiwán, pero también se cultiva en otros países de clima cálido. En España vive bien en la cornisa Cantábrica y en la región Mediterránea.

De la madera se extrae, por destilación, el alcanfor, un aceite sólido a temperatura ambiente. Hoy en día ya se obtiene de forma sintética. En dosis grandes es narcótico e irritante. En cambio, en pequeñas dosis es antiséptico, calmante, sedante, antiespasmódico, antisudorífico, antihelmíntico y balsámico. El alcohol alcanforado se utiliza para combatir el dolor de muelas y de cabeza.

Figura 9.3. *Laurus nobilis* (laurel).

Figura 9.4. *Laurus nobilis*
(laurel). Flor masculina.

Figura 9.5. *Laurus nobilis*
(laurel). Flor femenina.

Figura 9.6. *Persea americana* (aguacate).

Figura 9.7. *Persea americana* (aguacate). Flor.

Figura 9.8. *Persea americana* (aguacate). Fruto (baya monosperma).

Figura 9.9. *Persea americana* (aguacate). Fruto maduro (baya monosperma).

CAPÍTULO 10

Familia LILIÁCEAS

androceo y gineceo

A

Figura 10.1. Liliáceas. (A) *Lilium candidum* (azucena).

P 3+3 A 3+3 G (3)

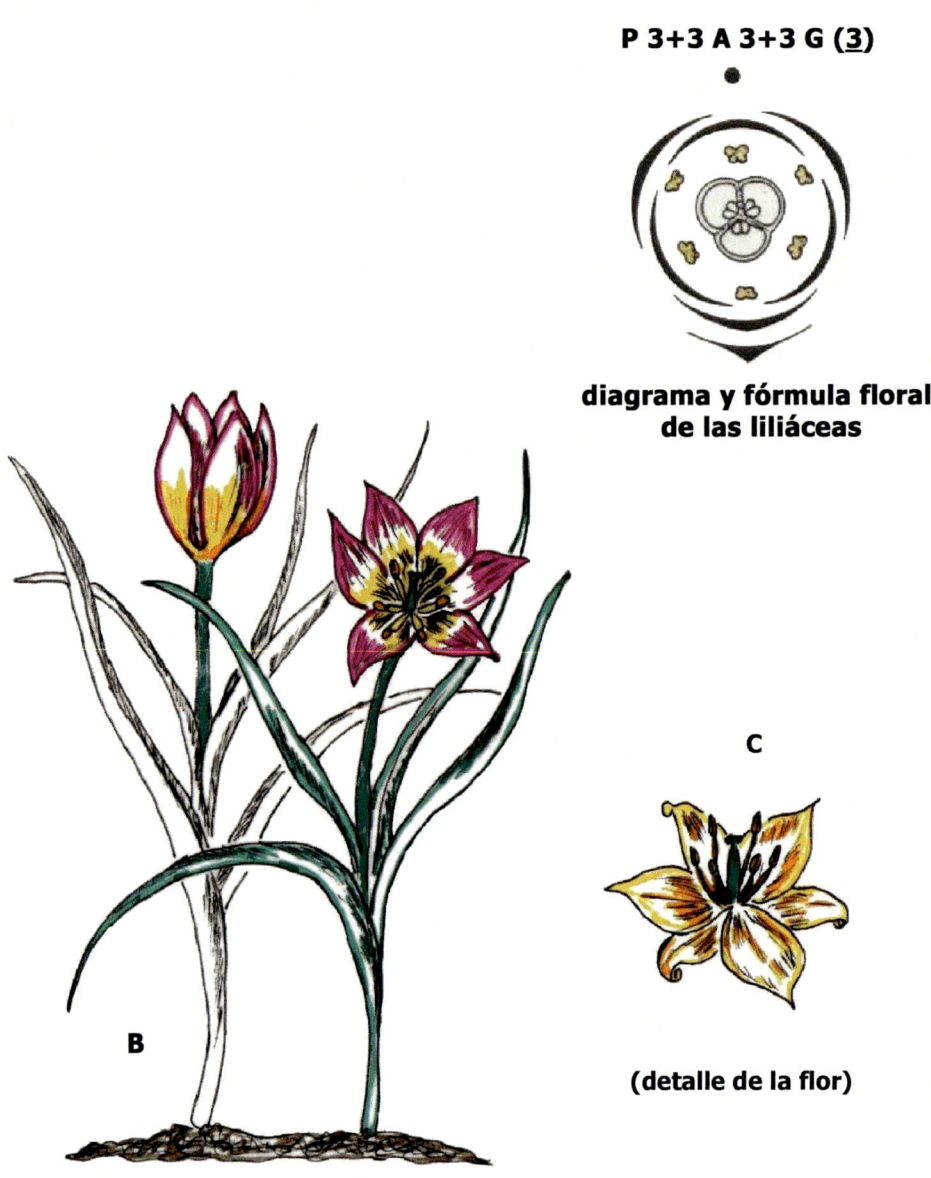

**diagrama y fórmula floral
de las liliáceas**

C

(detalle de la flor)

B

Figura 10.2. Liliáceas. (B) *Tulipa saxatilis* (tulipán). (C) *Tulipa sylvestris* (tulipán).

Familia LILIÁCEAS

(Familia de la azucena y del tulipán)

ORDEN LILIALES

Distribución geográfica

Familia con unas 600 especies, distribuidas principalmente por el hemisferio norte. Antiguamente fueron tratados como un grupo heterogéneo (sensu lato) dada la complejidad que presentaba la familia. En la actualidad se han separado en diferentes familias.

Caracteres diagnósticos

- Familia con especies de importancia ornamental (Figuras 10.1 y 10.2).
- La mayoría de las especies son herbáceas y con órganos de reserva, normalmente bulbos, algunas veces rizomas.
- Hojas basales dispuestas en espiral, y con venación paralela.
- Flores: bisexuales, actinomorfas o zigomorfas, solitarias o en racimos, raramente en umbela.
  - Periantio de 6 piezas en 2 verticilos.
  - 6 estambres libres en 2 verticilos.
  - Ovario súpero tricarpelar, carpelos soldados, estigma trilobulado.
  - Fórmula floral: * ↓ P3+3 A3+3 G (3).
- Fruto: cápsula loculicida.

Géneros más importantes y usos

Muchas de las especies se usan en jardinería por la belleza de sus flores, existiendo híbridos artificiales de grandes flores.

Tulipa – tulipán (ornamental) (Figura 10.2)

Género muy utilizado en jardinería y flor cortada. Florecen entre marzo y mayo. Habitan en terrenos rocosos, pedregales, bordes de camino y bosques (Figuras 10.3-10.5).

Lilium – azucena (ornamental) (Figura 10.1)

Flores muy perfumadas que pueden alcanzar los 10 cm de longitud. Se cría en terrenos rocosos y malezas (Figuras 10.6-10.8).

Figura 10.3. *Tulipa* sp. (tulipán).

Figura 10.4. *Tulipa* sp. (tulipán).

Figura 10.5. *Tulipa* sp. (tulipán).

Figura 10.6. *Lilium longiflorum* (azucena).

Figura 10.7. *Lilium bulbiferum* (azucena).

Figura 10.8. *Lilium* sp. (azucena).

CAPÍTULO 11

Familia ORQUIDÁCEAS

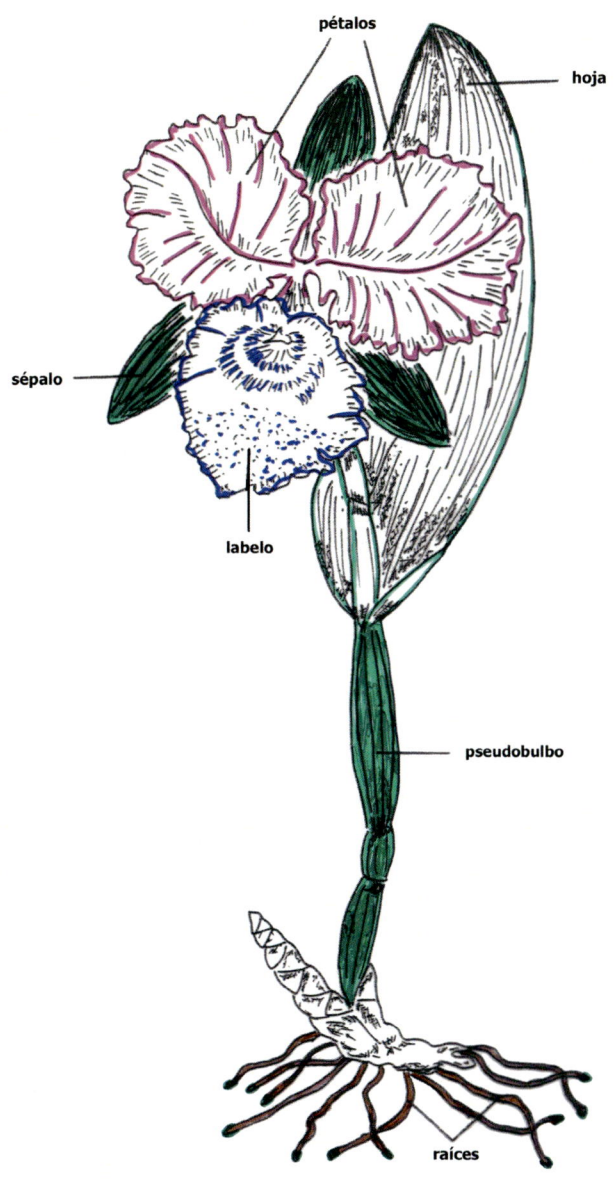

Figura 11.1. Orquidáceas. *Cattleya* sp.

Familia ORQUIDÁCEAS

(Familia de las orquídeas)

ORDEN ASPARAGALES

Distribución geográfica

Familia muy numerosa con unas 20 000 especies de distribución cosmpolita, especialmente abundante en las regiones intertropicales. Muy apreciadas en jardinería por la vistosidad y extraordinaria belleza de sus flores (*Calanthe, Cypripedium*, etc.). Esto ha llevado al tráfico irregular de plantas silvestres y ha hecho peligrar la supervivencia de muchas de estas especies. Hoy su comercio se encuentra regulado por la Convención sobre el Comercio Internacional de Especies Amenazadas de Fauna y Flora Silvestre (CITES).

Caracteres diagnósticos

- Plantas herbáceas terrestres en latitudes templadas, y epífitas en la zona tropical y subtropical, o lianas como la vainilla (*Vanilla planifolia*).
- Las plantas terrestres presentan raíces anuales tuberosas, de las que surge un tallo con hojas alternas, sésiles, que terminan en una espiga de flores.
- Las especies epífitas tienen el tallo hinchado a modo de pseudobulbo con ramas laterales; del pseudobulbo surgen raíces aéreas colgantes capaces de absorber el agua de la humedad ambiental a través del velamen. Los extremos de las raíces son verdes y, probablemente, realizan una parte de asimilación (Figura 11.1).
- En su mayoría autótrofas, algunas carecen de clorofila y se comportan como saprófitas (*Neottia nidos-avis, Limodorum abortivum*) jugando un papel esencial en este caso las micorrizas que se desarrollan en sus raíces.
- Flores solitarias o en inflorescencias racemosas o paniculiformes.
- Flores bisexuales con perigonio formado por 6 piezas repartidas en 2 verticilos trímeros petaloides (Figura 11.1):
  - Verticilo externo: 3 tépalos verdes o coloreados, con aspecto petaloideo.
  - Verticilo interno: 3 tépalos, el del centro, "labelo", a menudo distinto de los otros dos, presentándose a modo de saco o espolón. El labelo es la pieza más atractiva de la corola, plataforma para los insectos polinizadores.
  - Androceo de 1 a 3 estambres.

- El estilo, estigma y los estambres se reúnen para formar un aparato columnar (ginandro).
- Ovario ínfero de 3 carpelos soldados.
- Fórmula floral: $\downarrow$ P3+3 A1-3 G$(\bar{3})$.

- Los frutos, al igual que las flores, son muy variables, generalmente en cápsula, en ocasiones fruto tipo baya.
- La enorme variación morfológica y de colorido es de gran valor en su biología reproductiva y desde el punto de vista taxonómico.
- La polinización generalmente cruzada, puede ser por insectos aves, quirópteros (murciélagos) o ranas. Los polinizadores son atraídos por olores, colores y formas (abdomen insectos), etc. Adaptaciones surgidas tras coevolución con los polinizadores.
- Escasa representación de la Familia en la Flora Europea, con 35 géneros que se reparten fundamentalmente en los géneros *Orchys* y *Ophrys*.

Géneros más importantes y usos

La mayoría se utilizan en jardinería (Figuras 11.4-11.10).

Orchis (del griego orchi = testículo) (Figura 11.2)

Dos tubérculos radicales. Labelo prolongado en la base por un espolón. Son orquídeas terrestres.

Ophrys (Figura 11.3)

Dos tubérculos radicales. El labelo es más recio, carnoso, a menudo imitando el cuerpo de un insecto o como si fuera una abeja copulando (Figuras 11.11 y 11.12).

Cypripedium – zapato de Venus

Labelo muy grande, sin espolón, amarillento, en forma de zapato. Es propio de bosques montanos.

Vanilla

Vanilla planifolia – vainilla

Es una liana tropical originaria de México. Es la única especie que tiene interés económico. Fue introducida en Europa por los españoles. Se cultiva en muchos países tropicales con elevada pluviosidad y con una estación seca, necesaria para que puedan madurar las vainas (fruto); que es la parte de la planta que se utiliza. Las plantas son autopolinizadas artificialmente, con el fin de conseguir una buena producción de frutos. Las semillas son muy pequeñas y su presencia en los helados garantiza que se han utilizado frutos de vainilla para elaborarlos.

Figura 11.2. Orquidáceas. (A) *Orchis militaris.*
(B) *Aceras antropophorum* (flor del hombre ahorcado). (C) *Orchis maculata.*

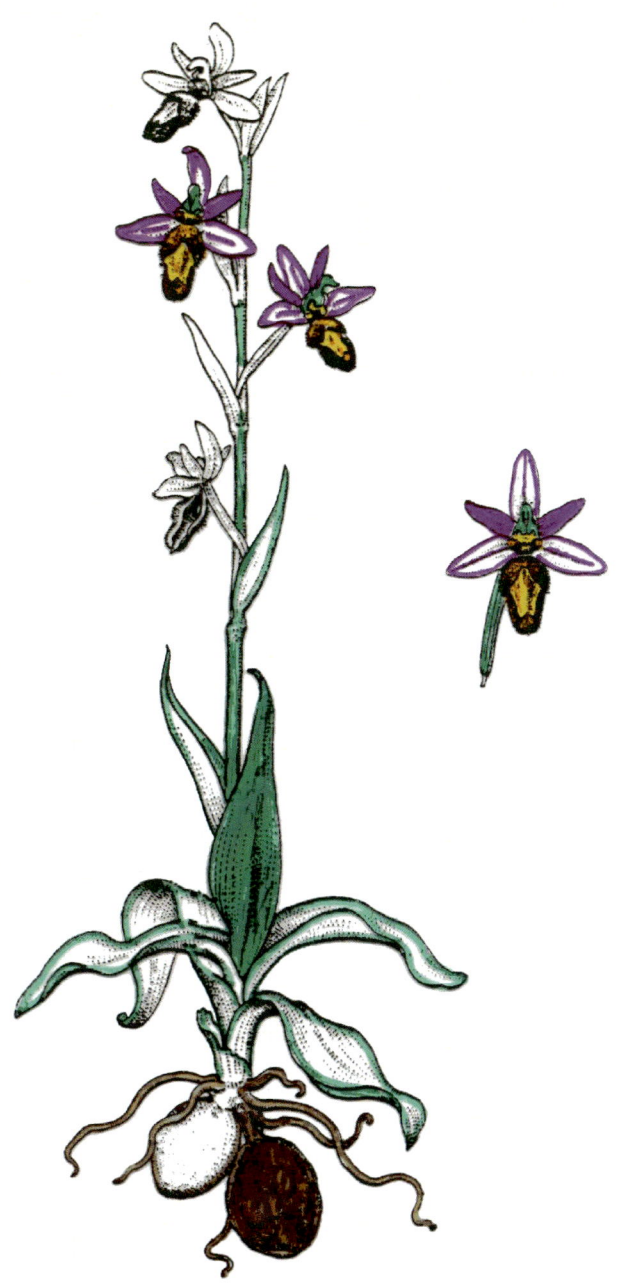

Figura 11.3. Orquidáceas. *Ophrys bertolonii*

Figura 11.4. *Cattleya* sp.

Figura 11.5. *Miltoniopsis* sp.

Figura 11.6. *Odontoglossum* sp.

Figura 11.7. *Paphiopedilum* sp.

Figura 11.8. *Stenorrhynchos* sp.

Figura 11.9. *Cymbidium* sp.

Figura 11.10. *Phalaenopsis* sp.

Figura 11.11. *Ophrys scolopax.*

Figura 11.12. *Ophrys fusca.*

CAPÍTULO 12

Familia IRIDÁCEAS

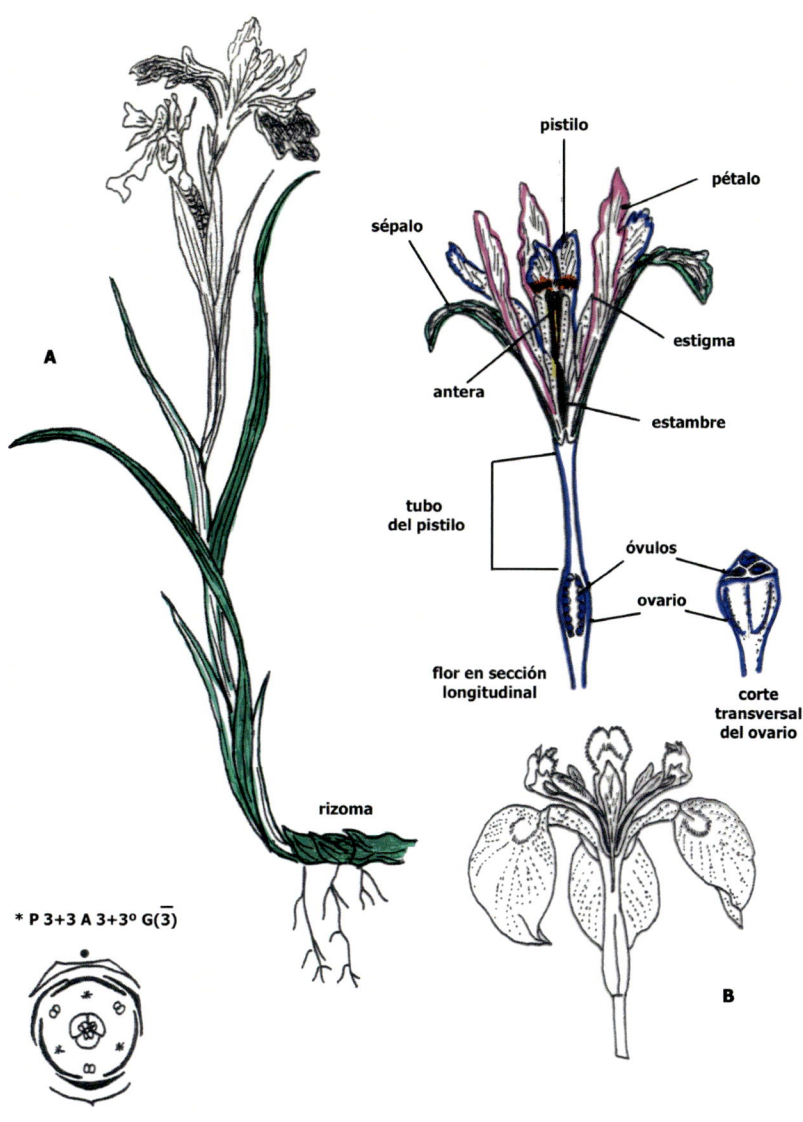

Figura 12.1. Iridáceas. (A) *Iris douglasiana* (lirio). (B) *Iris pseudocorus* (lirio).

FAMILIA IRIDÁCEAS

(Familia del azafrán y de los lirios)

ORDEN ASPARAGALES

Distribución geográfica

Familia de unas 2000 especies repartidas prácticamente por todo el mundo, estando bien representada en el hemisferio austral (América del sur y África del sur) y en las regiones subtropicales y templadas del boreal (Mediterráneo).

Caracteres diagnósticos

- Familia importante por sus especies cultivadas en jardinería (Figura 12.1).
- La mayoría de las especies son herbáceas perennes con órganos de reserva (cormos, bulbos, rizomas y raíces).
- Hojas estrechas, lineares y normalmente dispuestas en 2 filas formando un abanico aplastado.
- Inflorescencia terminal y cimosa. En el *Crocus* (Figura 12.2) una flor prácticamente sentada que nace justo por encima del nivel del suelo.
- Flores: bisexuales y regulares.
  - Perianto de 6 piezas en 2 verticilos.
  - Sólo 3 estambres libres.
  - Ovario ínfero de 3 carpelos soldados, estilo variable con 3 ramas (en *Iris* el estilo ha evolucionado hacia 3 estructuras petaloideas).
  - Fórmula floral: * P3+3 A3+3° G($\overline{3}$).
- Familia muy relacionada con las Liliáceas.

Géneros más importantes y usos

Gladiolus – gladiolo (ornamental)

Género de gran interés en jardinería por la gran variedad de híbridos con flores grandes y de coloración variada. Los gladiolos silvestres suelen aparecer más abundantes después de los incendios, y su presencia disminuye al tiempo que la vegetación se recupera (Figura 12.3).

Iris – lirios (ornamental) (Figura 12.1)

Este género se distribuye por el hemisferio norte e incluye un gran número de especies, cultivares e híbridos de importancia en jardinería, aunque en España son poco usados. Ocupan los más diversos hábitats, desde el nivel del mar hasta más de 1000 m de altitud, y desde lugares secos (*I. lutescens*) a pantanosos (*I. pseudacorus*) (Figuras 12.4 y 12.5).

Crocus

Crocus sativus – azafrán (Figura 12.2)

Nativo de Asia Menor y cultivado en Europa desde hace mucho tiempo. Los estigmas de la flor son la única parte útil de la planta, los cuales se utilizan como colorante y aromatizante. Es la especia más cara de todas. Se necesitan unos 162 000 estigmas (54 000 flores) para obtener un kg de peso seco de azafrán. Los estigmas una vez recolectados deben guardarse en lugar fresco para que no pierdan color (Figuras 12.6, 12.7 y 12.8).

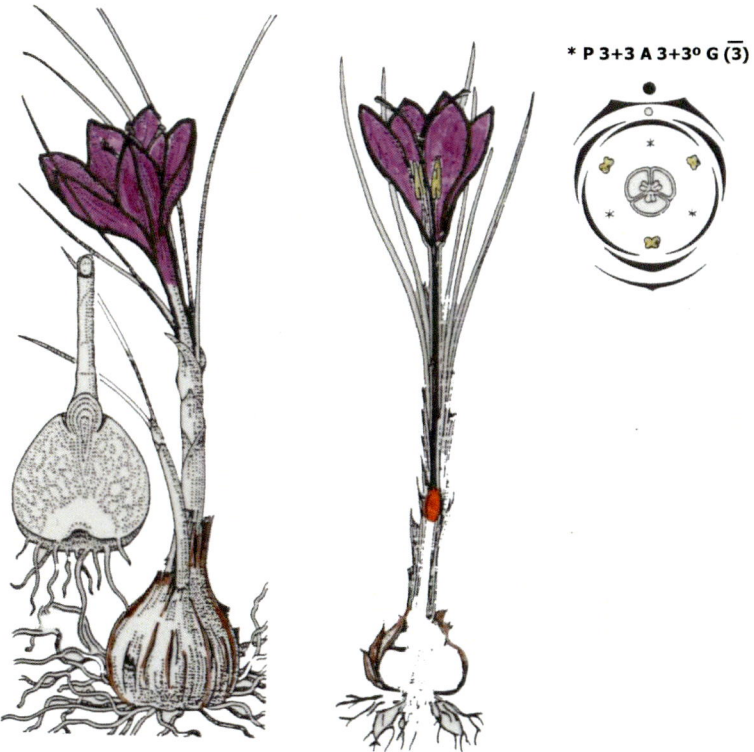

Figura 12.2. Iridáceas. *Crocus sativus* (azafrán).

Figura 12.3. *Gladiolus* sp. (gladiolo).

Figura 12.4. *Iris* sp. (lirio).

Figura 12.5. *Iris latifolia* (lirio azul). Endémico de la Península Ibérica.

Figura 12.6. *Crocus* sp. (cormos).

Figura 12.7. *Crocus* sp.

Figura 12.8. *Crocus sativus* (azafrán).

CAPÍTULO 13

Familia AMARILIDÁCEAS

detalle de la flor

gineceo

estambre con la base
del filamento ensanchado

Figura 13.1. Amarilidáceas. *Allium cepa* (cebolla).

Figura 13.2. Amarilidáceas. *Allium sativum* (ajo).

Familia AMARILIDÁCEAS

(Familia del ajo y cebolla)

ORDEN ASPARAGALES

Son una familia de plantas herbáceas bulbosas o rizomatosas. Sus flores son trímeras dispuestas en inflorescencias umbeliformes, rodeadas por dos brácteas, comprende aproximadamente 1600 especies distribuidas por todo el mundo.

El ajo y la cebolla se incluyen actualmente en la familia Amarilidáceas (APG III y IV), subfamilia Alioideas, si bien anteriormente eran considerados una familia aparte, las Aliáceas, y con anterioridad a esta, a la familia Liliáceas. La descripción de la familia se hará únicamente basándonos en esta subfamilia.

Subfamilia ALIOIDEAS

Distribución geográfica

Subfamilia de unas 750 especies de distribución cosmopolita, especialmente en el hemisferio norte, Sudamérica y sur de África.

Caracteres diagnósticos

- Familia de especies de importancia hortícola y ornamental (Figuras 13.1 y 13.2).
- Plantas herbáceas bianuales o perennes.
- Normalmente poseen bulbos como órganos de reserva (Figuras 13.5 y 13.6).
- Hojas simples, basales y dispuestas en espiral, con nerviación paralela.
- Flores: bisexuales, regulares, en inflorescencias umbeliformes, cubiertas por una gran bráctea membranosa que se marchita durante la floración (Figuras 13.2 y 13.4).
  - Periantio de 6 piezas en 2 verticilos.
  - 6 estambres libres en 2 verticilos.
  - Ovario súpero de 3 carpelos soldados, estigma trilobulado.
  - Fórmula floral: * P 3+3 A3+3 G (3).
- Fruto: cápsula loculicida.
- Presencia de compuestos de sulfuro de alilo (alicina), lo que les confiere a los miembros de la familia el característico olor y sabor típico.

Géneros más importantes en alimentación y usos

Allium

Las especies de este género han sido usadas como alimento desde tiempos inmemoriales. Los egipcios ya consumían ajos y cebollas. Hoy en día se emplean en todo el mundo prácticamente, bien como hortaliza o para dar sabor a otros alimentos.

Allium cepa – cebolla (Figura 13.1)

La parte comestible es el bulbo (cebolla) que pueden ser globoso aplanado, globoso u oval, dependiendo de la variedad. El color también varía desde el blanco, pasando por el pardo, hasta el morado (Figuras 13.3-13.5).

Allium ascalonicum – chalota

La chalota es prima hermana de la cebolla, de menor tamaño y de forma alargada. La mayor diferencia es el sabor, que en la chalota es más delicado, con un toque dulce (Figura 13.6).

Allium sativum – ajo (Figura 13.2)

El bulbo (cabeza de ajo) es la parte comestible. Se cree que deriva de una planta que crece silvestre en Asia central. A diferencia de las otras especies, el ajo se desarrolla bajo tierra y se arranca cuando las hojas se mar- chitan (julio). La cabeza de ajo está formada por varios dientes encerrados dentro de una piel blanca o rosada. Se utiliza más como condimento que como hortaliza (Figura 13.7).

Allium ampeloprasum (*A. porrum*) – puerro

La parte comestible es el bulbo y el tallo. Para que el puerro sea de buena calidad debe blanquearse la parte inferior, que se consigue cubriéndola de tierra para evitar la luz. Las hojas presentan un pliegue longitudinal- mente muy marcado y se disponen unas sobre otras, formando un bulbo cilíndrico y alargado (Figura 13.8).

Allium schoenoprasum – cebollino

Las hojas son la parte comestible de la planta. Ésta crece en apretados grupos y produce hojas cilíndricas y delgadas de color verde brillante. El cebollino no produce bulbos hinchados (Figuras 13.9 y 13.10).

Otras Amarilidáceas

Autóctonas

La azucena de mar (*Pancratium maritimum*) de zonas arenosas y dunas costeras (Figura 13.11).

Interés ornamental

Narcisos (*Narcissus*), lirio estrella de caballero (*Hippeastrum*), *Tulblaghia* sp., lirio azteca (*Sprekelia formosissima*), *Clivia* sp., *Agapanthus* sp., *Amaryllis* sp. (Figuras 13.12-Figura 13.16).

Figura 13.3. *Allium cepa* (cebolla).

Figura 13.4. *Allium cepa* (cebolla). Inflorescencia umbeliforme con bráctea.

Figura 13.5. *Allium cepa* (cebolla). Bulbo

Figura 13.6. *Allium ascalonicum* (chalota). Bulbo.

Figura 13.7. *Allium sativum* (ajo).

Figura 13.8. *Allium ampeloprasum* (puerro).

Figura 13.9. *Allium schoenoprasum* (cebollino).

Figura 13.10. *Allium schoenoprasum* (cebollino). Inflorescencia umbiliforme.

Figura 13.11. *Pancratium maritimum* (Azucena de mar).

Figura 13.12. *Narcissus* sp. (narciso).

Figura 13.13. *Hippeastrum* sp. (lirio estrella de caballero).

Figura 13.14. *Tulbaghia* sp.

Figura 13.15. *Sprekelia formosissima* (lirio azteca).

Figura 13.16. *Clivia* sp.

CAPÍTULO 14

Familia ARECÁCEAS

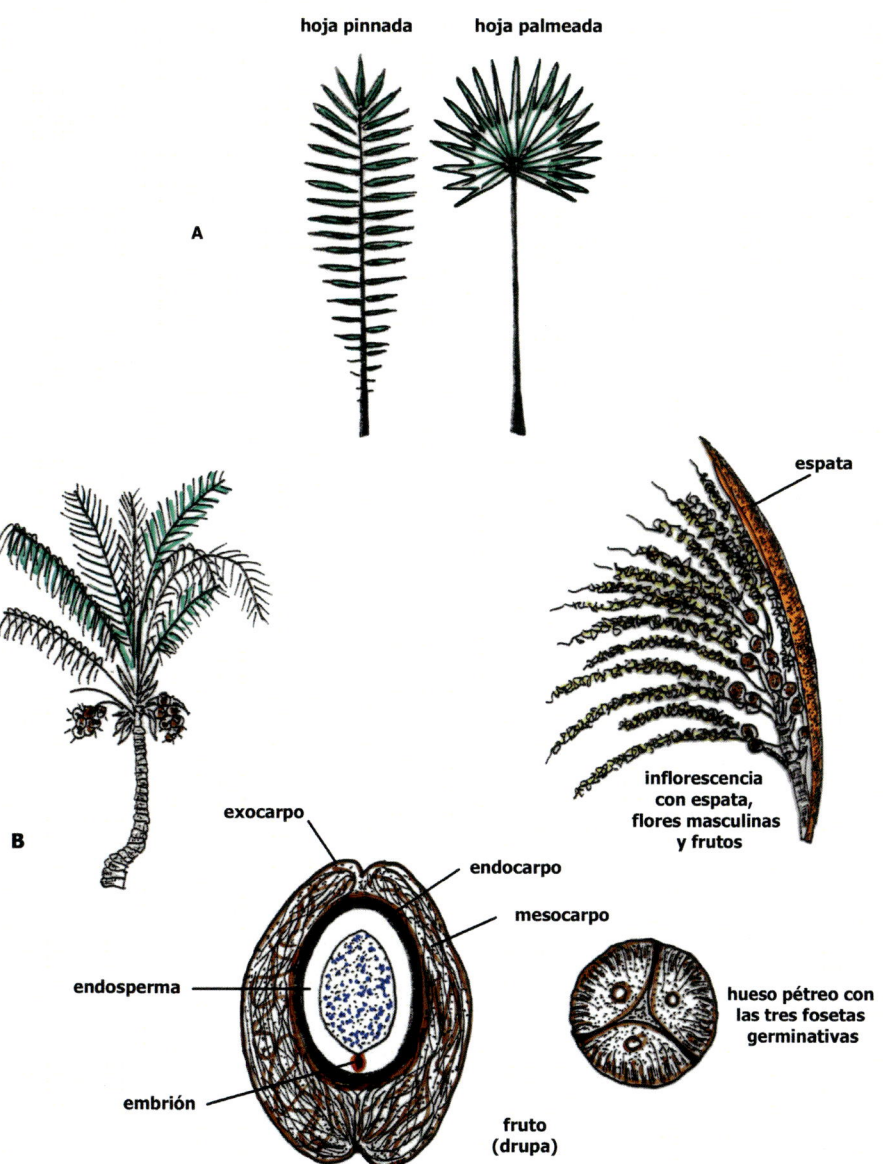

Figura 14.1. Arecáceas. (A) Tipos de hojas. (B) *Cocos nucifera* (coco).

Familia ARECÁCEAS (PALMAE)

(Familia de las palmeras)

ORDEN ARECALES

Distribución geográfica

Familia de unas 2000 especies principalmente tropicales y subtropicales. En los trópicos abundan desde la selva lluviosa hasta el desierto. Son muy abundantes en el sureste asiático y América, pero menos en África. De esta familia se conocen fósiles del Cretácico Superior, sobreviviendo actualmente en medios muy diversos: desde desiertos (*Phoenix* sp.) hasta los bosques tropicales lluviosos, y desde el nivel del mar (*Cocos nucifera*) hasta el Himalaya (*Trachycarpus* sp.).

Caracteres diagnósticos

Familia en la que se observan caracteres florales primitivos.

- Familia de árboles subtropicales.
- Tallo (estipe) no ramificado y de cortos entrenudos.
- Hojas envainadoras, pecioladas y pinnada o palmeada (Figuras 14.1 y 14.2).
- Inflorescencias muy ramificadas y rodeadas por una recia espata: apicales o laterales.
- Flores bisexuales o, generalmente, unisexuales, dispuestas sobre un mismo pie (monoicas) o sobre plantas distintas (dioicas).
  - Periantio de dos verticilos, inconspicuo y poco diferenciado.
  - Gineceo de 3 carpelos coricárpicos o sincárpicos, a menudo, sólo prosigue el desarrollo de uno.
  - La fórmula floral presenta múltiples variantes, y se consideran como general las siguientes:

    Fórmula floral femenina: * P3+3 G(3)

    Fórmula floral masculina: * P3+3 A3+3
- Fruto en baya o drupa.

Géneros más importantes y usos

Gran importancia ornamental de muchas de las especies en parques y jardines, como la palmera canaria (*Phoenix canariensis*, Figura 14.3), la palmera de la suerte (*Trachycarpus fortunei*), picardias (*Washingtonia* sp., Figura 14.4), livistonas (*Livistona* sp.), sabal (*Sabal minor*), palmito (*Chamaerops humilis*), etc.

Phoenix

Phoenix dactylifera – palmera datilera

Se extiende desde el Sahara hasta la India y es muy resistente a la salinidad. Muy cultivada en la Comunidad Valenciana (Elche). Planta dioica. Los pies masculinos se utilizan para decoración y los pies femeninos producen los dátiles (bayas monospermas desarrolladas a partir de uno de los 3 carpelos libres, en ocasiones soldados). Muy utilizada en jardinería como planta ornamental (Figura 14.5).

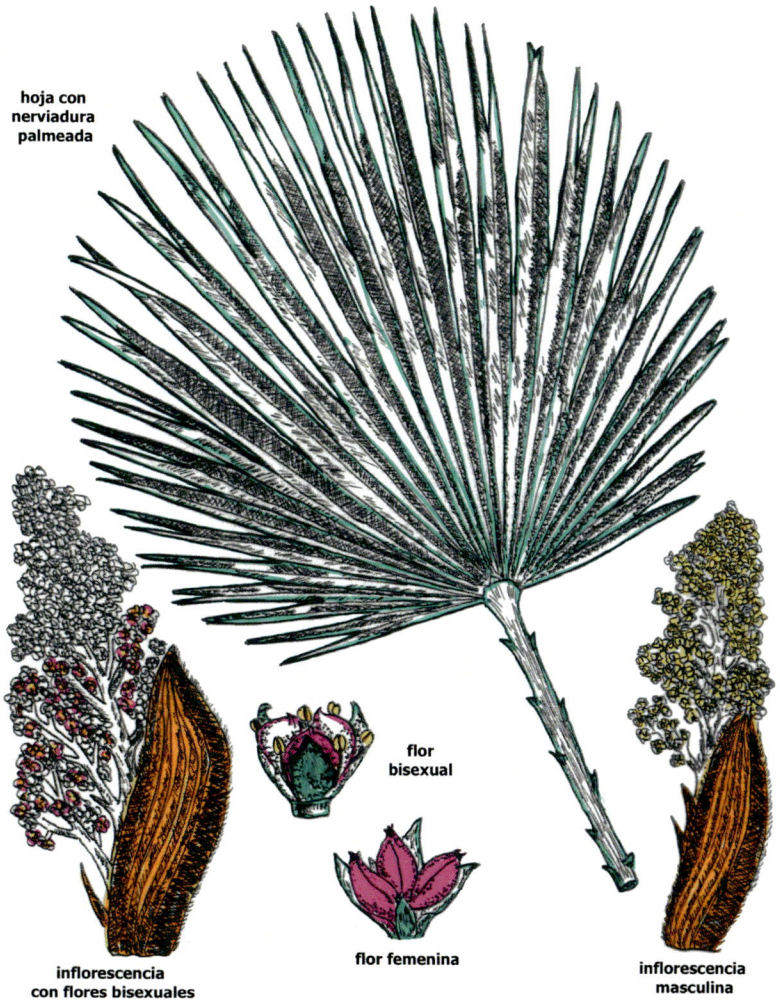

hoja con nerviadura palmeada

flor bisexual

flor femenina

inflorescencia con flores bisexuales

inflorescencia masculina

Figura 14.2. Arecáceas. *Chamaerops humilis* (palmito).

Chamaerops

Chamaerops humilis – palmito, margalló (Figura 14.2)

Es la única palmera silvestre de Europa. Espontánea en la región mediterránea, cerca del litoral. Hojas palmeadas que se utilizan para fabricar escobas y cestas. Los brotes jóvenes son comestibles. Ocasionalmente es utilizada como ornamental. En España, la planta silvestre está legalmente protegida (Figura 14.6).

Cocos

Cocos nucifera – coco (Figura 14.1B)

Del cocotero se obtiene aceite, fibra, alimento y bebida, es por tanto uno de los árboles de mayor interés económico en los trópicos. La semilla es la más grande del mundo vegetal y el tamaño del fruto maduro es aproximadamente dos veces el de la semilla (Figuras 14.7-14.9).

Figura 14.3. *Phoenix canariensis* (palmera canaria).

Figura 14.4. *Washingtonia* sp.

Figura 14.5. *Phoenix dactylifera* (palmera datilera).

Figura 14.6. *Chamaerops humilis* (palmito, margalló).

Figura 14.7. *Cocos nucifera* (coco).

Figura 14.8. *Cocos nucifera* (coco). Fruto (drupa).

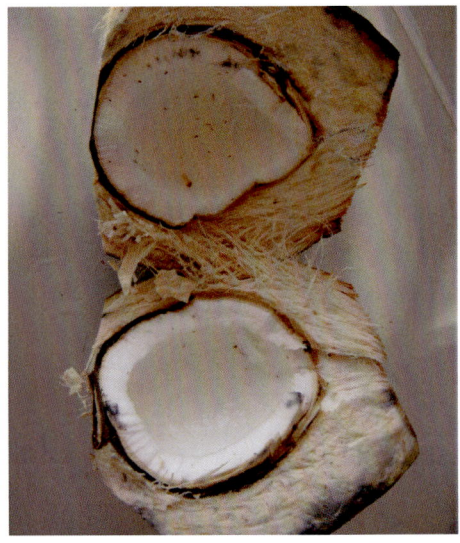

Figura 14.9. *Cocos nucifera* (coco). Fruto (drupa). Detalle del mesocarpo fibroso.

CAPÍTULO 15

Familia MUSACÉAS

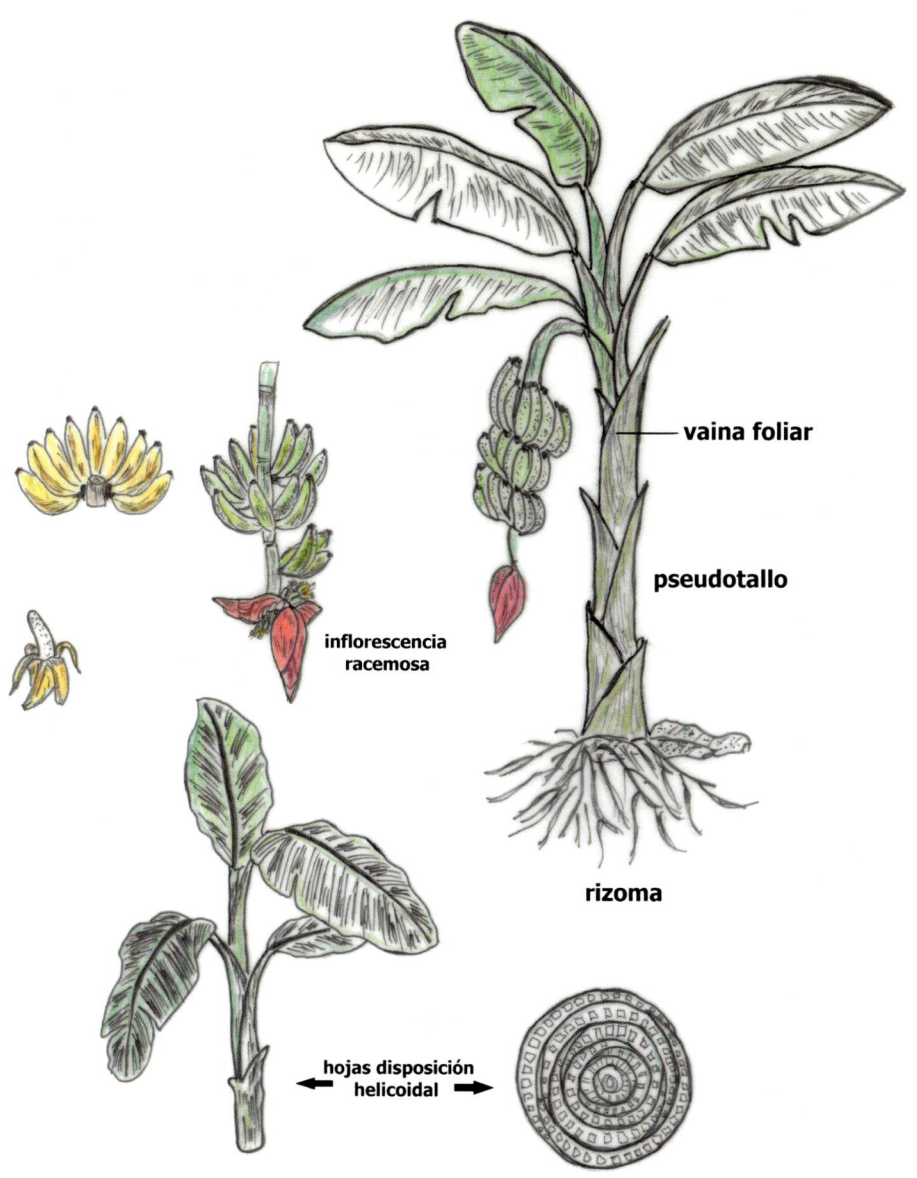

Figura 15.1. Musáceas. *Musa* sp.

FAMILIA MUSÁCEAS

(Familia del plátano/banano)

ORDEN ZINGIBERALES

Distribución geográfica

Familia pequeña, formada sólo por 2 géneros, *Musa* (plátano) y *Ensete*. Originaria de la región indomalaya, está distribuida por zonas tropicales e intertropicales de América, África, Asia, islas del Pacífico y norte de Australia.

Caracteres diagnósticos

- Plantas herbáceas, perennes, de gran porte, hasta 7 metros de altura, con rizomas y falsos tallos (pseudotallos) formados por las vainas foliares imbrincadas.
- Hojas muy grandes, en disposición helicoidal, con nerviación pinnada y en la madurez se hacen laciniadas.
- Flores zigomorfas, generalmente unisexuales, dispuestas las femeninas en la base y las masculinas terminales, formando una gran inflorescencia racemosa, que está protegida por una bráctea carnosa a modo de espata y sostenida por un largo pedúnculo.
  - Perianto de dos verticilos de 3 piezas petaloides cada uno.
  - Estambres en número de 5 y un estaminodio.
  - Ovario ínfero sincárpico formado por 3 carpelos.
  - Fórmula floral: masculina $\quad \downarrow P\ 3+3\ A5$
    femenina $\quad \downarrow P\ 3+3\ G(\bar{3})$
- Fruto en baya

Géneros más importantes y usos

Familia de gran interés económico por el aprovechamiento de sus frutos, los plátanos, en la alimentación humana. (Figura 15.1).

Musa

El género *Musa* agrupa a un gran número de especies, tanto variedades genéticamente puras como híbridas.

Las plataneras se cultivan en España tanto con fines agrícolas como ornamentales. La mayoría de las especies son híbridos estériles.

Musa paradisiaca – plátano, banano (alimento)

Es la especie tipo del género, clasificada por Linneo en 1753. Posteriores estudios demostraron una compleja taxonomía del género, ya que incluye numerosos híbridos genéticamente distintos. Esto ha generado un sistema de clasificación algo *sui géneris*, pero de acuerdo con las reglas del Código Internacional de Nomenclatura Botánica (CINB), el nombre linneano es el que prevalece, tanto en su forma original como en la que indica que se trata de un híbrido. Se cree que las plataneras cultivadas se originaron de dos especies del sudeste de Asia: *Musa acuminata* y *Musa balbisiana*. A las Islas Canarias llegaron procedentes de las costas del oeste de África por los portugueses y una vez asentado su cultivo, los españoles lo introdujeron en Sudamérica, donde la gran producción de estos frutos en la América central le ha valido el nombre de "República bananera". Las hojas llegan a alcanzar los 3 m de largo por 60 cm de ancho y cada planta tiene entre 5 y 15 hojas, renovándose cada 2 meses. Cuando la planta ya ha dado entre 25-30 hojas, nace del rizoma la inflorescencia, que emerge entre el pseudotallo, a modo de capullo gigante de color púrpura, que en Canarias y Latinoamérica denominan "bellota". Una vez florece la planta y da los frutos, ésta muere y de los rizomas nacen los nuevos vástagos que sustituyen al pseudotallo principal, pero en los ejemplares cultivados, para evitar debilitar la planta se deja solamente un rizoma. En los países de habla hispana se hace una distinción entre "bananas", que se comen como fruta y los "plátanos" que para su consumo deben asarse o freírse, pero también encontramos como "plátano" al dulce y "plátano macho" al verde. Hoy en día, se llame como se llame, esta fruta aún constituye una de las principales fuentes de hidratos de carbono para la mayoría de la población. Ecuador y Colombia son los principales países exportadores de América y España fue hasta la liberación de los mercados el principal exportador a Europa.

Musa cavendishii – plátano de Canarias (alimento)

En España se consume mayoritariamente el plátano del grupo Cavendish, son cultivares triploides de *Musa acuminata*, y desde el 2011 cuentan con Identificación Geográfica Protegida (IGP), en la que se establece los territorios a los que se aplica dicha identificación, situados a no más de 500 m sobre el nivel del mar (Figuras 15.2-15.5).

Musa textilis – abacá, cáñamo de Manila (fibra textil)

Planta endémica de Filipinas, introducida en América para su cultivo, de aproximadamente 3 metros de altura. Las fibras se obtienen de las vainas de las hojas y son muy apreciadas por su resistencia y durabilidad. Se utiliza principalmente para fabricar papel y cuerdas, éstas tienen la ventaja que difícilmente se deteriora por la acción del agua dulce o salada, viento y sol, por ello es preferida ante cualquier otra fibra para fabricar cabos. Otros usos son las bolsas de té, papel moneda (dólares) y filtros de cigarrillos.

Figura 15.2. *Musa cavendishii*. Plantación.

Figura 15.3. *Musa cavendishii*. Inflorescencia racemosa.

Figura 15.4. *Musa cavendishii*. Inflorescencia y fruto (baya).

Figura 15.5. *Musa cavendishii*. Fruto (baya).

CAPÍTULO 16

Familia POÁCEAS

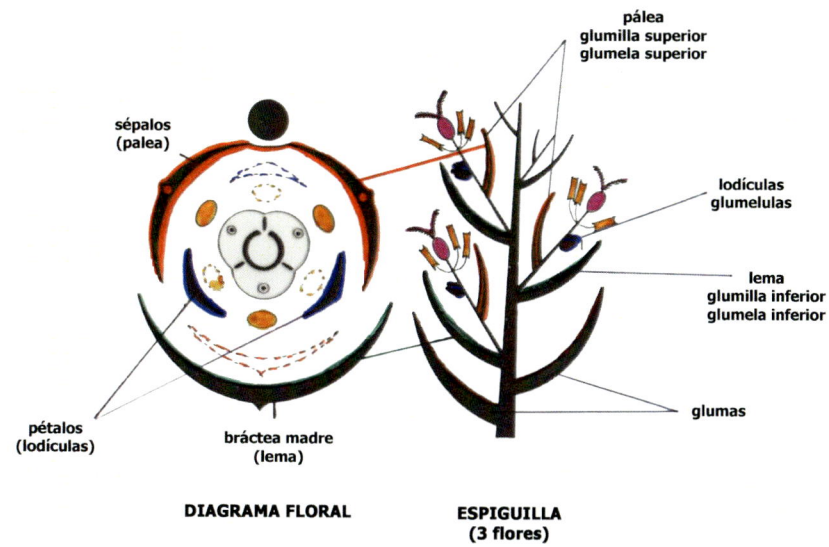

Figura 16.1. Poáceas. Diagrama floral. Inflorescencia (espiguilla).

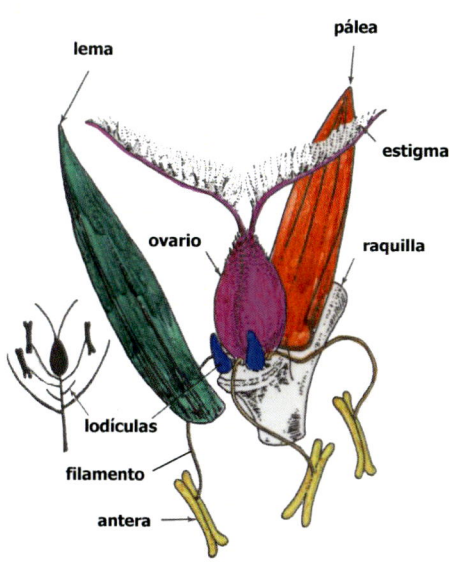

Figura 16.2. Poáceas. Partes de la flor.

Familia Poáceas (Gramíneas)

(Familia de los cereales)

ORDEN POALES

Distribución geográfica

Familia muy amplia, unas 9500 especies de distribución cosmopolita, cuyos representantes pueden encontrarse tanto en las zonas de clima más frío como en las más cálidas, y llegan a ser dominantes en formaciones vegetales como las estepas, sabanas, praderas y pastizales, donde juegan un papel esencial en la alimentación animal. Está considerada una de las familias más importantes del mundo económicamente.

Caracteres diagnósticos

- La raíz principal muere pronto y es sustituida por raíces adventicias, a menudo endomicorrizas.
- Tallos erectos herbáceos, huecos, sólidos en los nudos, cespitosos, y en algunos casos leñosos (bambú, caña común), normalmente emiten vástagos; tallos subterráneos con frecuencia rizomas o estolones.
- Las hojas se componen de:
    - lámina o limbo (l)
    - Vaina o base (v)
    - Lígula (li)
    - Aurículas (a)

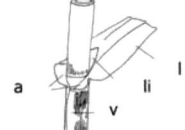

- La inflorescencia típica es la espiguilla, sobre ella se disponen las flores, 1 o varias, hermafroditas o raramente unisexuales (Figura 16.1).
- Las espiguillas se agrupan en inflorescencias compuestas: espiga de espiguillas o racimos de espiguillas (panículas).
- La inflorescencia se encuentra envuelta por dos glumas.
- Cada flor consta de (Figuras 16.1 y 16.2):
    - lema, glumela o glumilla inferior: bráctea madre.
    - Pálea, glumela o glumilla superior: unión de los sépalos.
    - Lodículas o glumélulas: homólogas a los pétalos, y son las responsables de la apertura de la flor.
    - Gineceo bi o tricarpelar, con dos estilos y estigmas plumosos.

- 3 estambres (excepto el arroz con 6).
- Fórmula floral: P2 A3 G(2-3).
- Fruto en cariópside.

Géneros más importantes y usos

Desde el punto de vista agronómico distinguimos dos grupos:

GRAMÍNEAS DE GRANO Y FORRAJERAS

En este grupo se incluyen las plantas de interés agrícola (cereales) y plantas de interés económico (caña de azúcar).

Triticum

Figura 16.3. Poáceas. (A)*Triticum aestivum* (trigo del pan). (B) *Triticum durum* (trigo duro). (C) *Triticum turgidum* (trigo redondillo).

El trigo probablemente evolucionó de especies silvestres que sufrieron mutaciones, hibridaciones, y duplicaciones cromosómicas, resultando un grupo híbrido con miles de variedades. Su cultivo se conoce desde hace más de 4000 años. Es el cereal más cultivado, junto con el arroz, en los climas templados. Se cultivan aquellas variedades que presenten mayor rendimiento y resistencia a las enfermedades (Figura 16.3).

Espiguillas solitarias sobre cada diente del raquis, de 3 a 5 flores, las superiores generalmente masculinas. Dos glumas enteras o dentadas, aristadas en su cima o no. Ovario piloso. Tres estambres (Figura 16.6).

Triticum aestivum – trigo blando común (Figura 16.3A)
Es el que se utiliza para la elaboración de pan. Es el más cultivado y el de mejor calidad como panificable. Hay una gran variedad en cuanto a formas y fisiología. Existen formas aristadas y no aristadas, así como trigos de primavera y de invierno.

Triticum durum – trigo duro (Figura 16.3B)
Es el utilizado para la elaboración de pasta alimenticia. La mayoría de las variedades son aristadas, y son trigos de primavera o de medio invierno.

Hordeum

Hordeum vulgare – cebada (Figura 16.4C)
Posiblemente fue el primer cereal que se domesticó y uno de los primeros en cultivarse. Su cultivo ha estado muy unido a las civilizaciones del Mediterráneo. No presenta gluten por lo que no es panificable. Actualmente la mayor parte de la producción se destina a la fabricación de pienso, y en menor cantidad a la elaboración de cerveza. Germinada y tostada es la "malta". La malta contiene enzimas que transforman el almidón en azúcares fermentables.

Tres espiguillas unifloras sobre cada diente del raquis, en ocasiones, la central femenina. Dos glumas lineales con barba o arista bastante larga. Tres estambres

Hordeum murinum – cebadilla de campo
Especie ruderal, anual y espontánea (Figura 16.7).

Secale

Secale cereale – centeno (Figura 16.4A)
Se cree que es originario de Asia Menor donde todavía se encuentra en estado silvestre entre los cultivos de trigo. Puede cultivarse en regiones frías y en suelos pobres donde los demás cereales no serían productivos. La composición del grano es muy parecida a la del trigo. En Europa se emplea principalmente para elaborar pan negro, en América para la elaboración de whisky, en Holanda para elaborar ginebra y en Rusia para hacer cerveza; pero sobre todo se utiliza como planta forrajera y para la producción de pienso.

Espiguillas solitarias en cada diente del raquis, con dos flores bisexuales. Glumas estrechamente acuminadas y uninerviadas. Dos glumillas desiguales. Tres estambres.

espícula y granos

Figura 16.4. Poáceas. (A) *Secale cereale* (centeno).
(B) *Avena sativa* (avena). (C) *Hordeum vulgare* (cebada).

Avena

Avena sativa – avena (Figura 16.4B)
Se cree que ha derivado de la avena silvestre *Avena fatua*. Se considera un cultivo secundario, y se emplean principalmente para fabricar pienso para alimentar al ganado (caballos).

Espiguilla de 2 a 6 flores o más. Dos glumas grandes, herbáceas, casi iguales, no aristadas. Glumilla inferior bífida y con arista dorsal.

Avena sterilis – avena loca (mala hierba)
Especie ruderal, frecuente en campos y pastizales (Figuras 16.8 y 16.9).

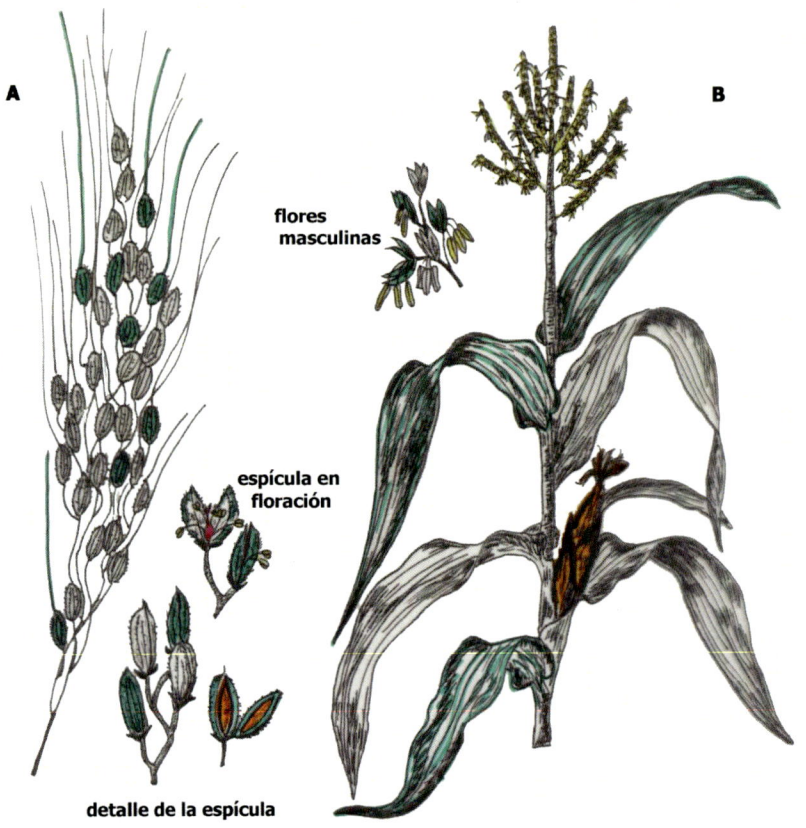

Figura 16.5. Poáceas. (A) *Oryza sativa* (arroz). (B) *Zea mays* (maíz).

Oryza

Oryza sativa – arroz (Figura 16.5A)

Es originario de Asia, y ya era un alimento básico en el año 2800 a.C. en China. Los árabes lo introdujeron en España, cultivándose desde el siglo X en los deltas de los ríos de la región mediterránea. Probablemente es el cultivo más importante del mundo en cuanto a consumo se refiere, aunque la producción del arroz sea inferior a la del trigo. La mayor diversidad de variedades se encuentra en la región nororiental de la India y el sud- este asiático. El arroz está adaptado a crecer en el agua gracias a la anatomía del tallo (hueco), permitiendo que el oxígeno llegue a las raíces, y además tolera bien las aguas salobres.

Flores bisexuales con 6 estambres. Dos glumas pequeñas y dos glumillas grandes, la inferior aristada. Espiguillas dispuestas en panícula.

Zea

Zea mays – maíz (Figura 16.5B)

Es el único cereal de origen americano, traído a Europa por Colón, y desde entonces se ha dispersado por todo el mundo. De gran importancia tanto en la alimentación humana como animal. En América del sur y en África meridional y oriental constituye, a menudo, el alimento básico de la población.

Espiguillas de glumas coriáceas y delicadas glumillas membranosas. Espiguillas masculinas y femeninas en inflorescencias distintas (unisexual monoica). Las masculinas poseen 2 flores de 3 estambres, en racimos espiciformes que forman una panícula terminal (plumero o pendón). Las femeninas son unifloras, con estigmas filiformes muy largos, en espigas axilares y envueltas por una bráctea grande (mazorcas). Las cariópsides son redondeadas y se insertan en series longitudinales sobre el robusto eje (Figuras 16.10-16.12).

Sorghum

Sorghum bicolor – sorgo

El sorgo es probablemente de origen africano, pero se ha cultivado también en Asia desde tiempos muy antiguos. Actualmente se encuentra ampliamente distribuido por todas las regiones semiáridas, tropicales y subtropicales. Las áreas donde se cultiva con fines alimenticios son África tropical, India central y septentrional, y China.

Espiguillas unifloras. Flores bisexuales o unisexuales mezcladas en la misma inflorescencia. Panícula racemosa, violácea o verdoso-amarillenta. Hojas planas y anchas.

Saccharum

Saccharum officinarum – caña de azúcar

Probablemente se ha seleccionado a partir de especies silvestres primitivas, por pueblos indígenas de Nueva Guinea, y fue llevada a América por Colón. El proceso de producción de azúcar era conocido en la India desde el año 3000 a.C. y los árabes impulsaron el cultivo en Occidente. La caña de azúcar se propaga de forma vegetativa por esquejes, y al cabo de un año puede recogerse la primera cosecha. Después de cortar las cañas, las plantas dan todavía dos o tres cosechas más, pero luego el rendimiento disminuye y hay que volverlas a replantar.

Es una planta vivaz de hasta 4 m de altura. Las hojas son anchas, rígidas y cortantes. Panículas blanco-sedosas, debido a que sus espiguillas están rodeadas de un involucro de largos pelos suaves y blanquecinos. De su médula se extrae el "azúcar", y por fermentación el "aguardiente". En España se cultiva en Málaga y Granada (Motril) (Figuras 16.13-16.15).

GRAMÍNEAS FORRAJERAS, PRATENSES, ORNAMENTALES Y ESPONTÁNEAS

Dactylis

Dactylis glomerata
Planta vivaz. Frecuente en toda España. Forrajera. Espiguillas con 3 a 10 flores. Dos glumas aquilladas y ciliadas, y glumillas semejantes y todas acuminadas. Panícula racemosa y corta.

Lolium

Espiguillas solitarias alternas, de 5 a 25 flores aplicadas sobre el raquis de la espiga. Una sola gluma en las flores laterales y dos en la terminal. Glumilla superior bidentada.

Lolium perenne – "ray grass"
Planta vivaz, frecuente en praderas húmedas y montañosas. Forrajera y cespitosa.

Lolium temulentum – cizaña
Planta anual. Mala hierba de los campos de cultivo con cariópsides tóxicas.

Phalaris

Phalaris canariensis – alpiste
Planta anual de frutos comestibles. Espiguillas unifloras sentadas, con 4 glumillas (2 estériles). Glumas brillantes, con quilla alada, y mayores que las flores (Figuras 16.16 y 16.17).

Phelum

Phelum pratense
Planta común en los prados y muy buena forrajera. Panícula espiciforme apretada. Espiguillas casi sentadas, con una sola flor desarrollada. Glumas más desarrolladas que las glumillas.

Arundo

Arundo donax – caña común
Planta rizomatosa de gran porte. Espiguillas de 2 a 7 flores pilosas en la base. Glumas iguales (Figuras 16.18 y 16.19).

Bambusa / Dendrocalamus

Los bambús son plantas ramificadas en la parte superior y utilizada como ornamental. Espiguillas de 2 a muchas flores. Tres o seis estambres (Figuras 16.20 y 16.21).

Brachypodium

Brachypodium retusum
Planta vivaz, muy ramosa, xerofítica y pirófita. Muy común en toda la España mediterránea. Espiguillas multifloras, largas, erectas, brevemente piceladas. Glumas desiguales, plurinerviadas. Dos o tres estambres (Figura 16.22).

Briza

Briza maxima – lágrimas de la Virgen
Planta espontánea de pastizales silíceos. Espiguillas muy móviles, de 2 a 5 flores, dísticas, comprimidas e imbricadas. Glumas y glumillas obtusas, orbiculares y acorazonadas.

Cynodon

Cynodon dactylon – grama
Planta muy utilizada como césped y como diurética (rizomas). Gran capacidad de propagación vegetativa por rizoma. Espiguillas unifloras, bisexuales de panícula digitada. Glumas y glumillas míticas.

Figura 16.6. *Triticum* sp. (trigo).

Figura 16.7. *Hordeum murinum* (cebadilla de campo).

Figura 16.8. *Avena sterilis* (avena loca).

Figura 16.9. *Avena sterilis* (avena loca). Detalle inflorescencia.

Figura 16.10. *Zea mays* (maíz).

Figura 16.11. *Zea mays* (maíz).
Inflorescencia femenina y
fruto en desarrollo.

Figura 16.12. *Zea mays* (maíz). Inflorescencia masculina.

Figura 16.13. *Saccharum officinarum* (caña de azúcar).

Figura 16.14. *Saccharum officinarum* (caña de azúcar).

Figura 16.15. *Saccharum officinarum* (caña de azúcar).

Figura 16.16. *Phalaris canariensis* (alpiste).

Figura 16.17. *Phalaris canariensis* (alpiste). Detalle inflorescencia.

Figura 16.18. *Arundo donax* (caña común).

Figura 16.19. *Arundo donax* (caña común). Detalle de la inflorescencia.

Figura 16.20. *Bambusa* sp. (bambú).

Figura 16.21. *Dendrocalamus giganteus* (bambú gigante).

Figura 16.22. *Brachypodium retusum.*

CAPÍTULO 17

Familia PLATANÁCEAS

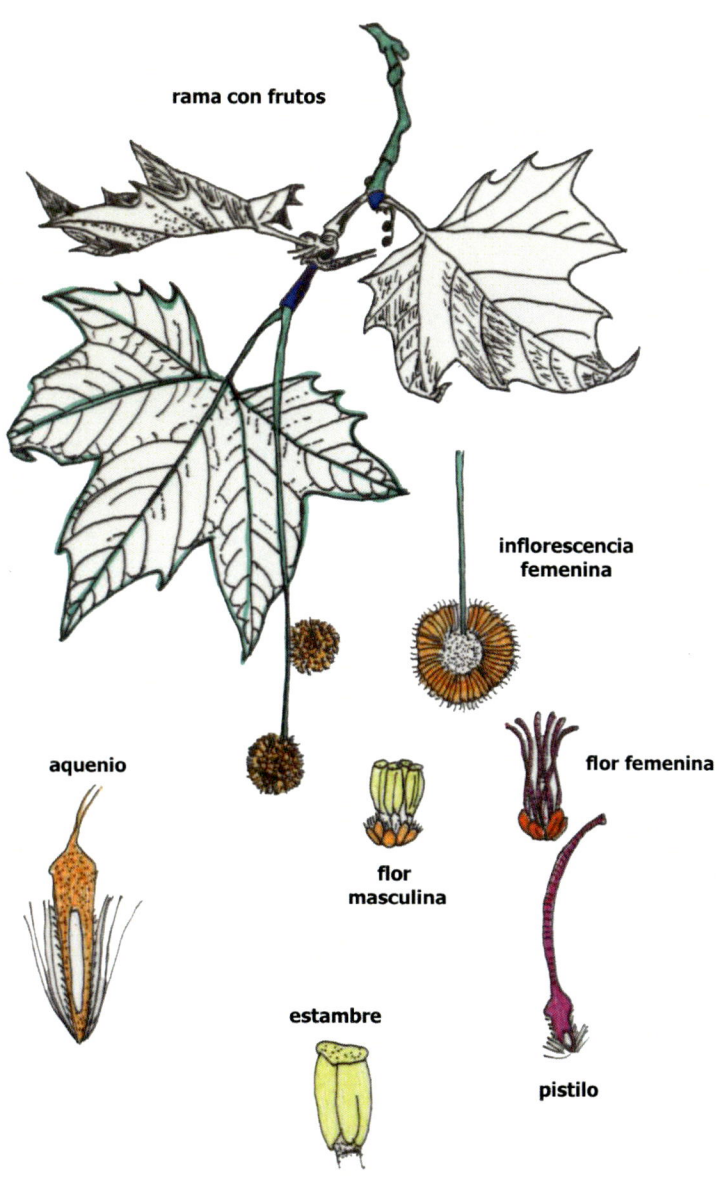

rama con frutos

inflorescencia
femenina

aquenio

flor femenina

flor
masculina

estambre

pistilo

Figura 17.1. Platanáceas. *Platanus hispanica* (plátano de sombra).

FAMILIA PLATANÁCEAS

(Familia del plátano de sombra)

ORDEN PROTEALES

Distribución geográfica

Familia pequeña, un género y unas 7 especies, propias de zonas templadas de América del norte, sureste de Europa, Himalaya e Indochina.

Caracteres diagnósticos

- Grandes árboles caducifolios cuya corteza se desprende en placas.
- Hojas simples, palmeado-lobuladas, acorazonadas en la base, 3-9 lóbulos, largos peciolos de base soldada a las estípulas-vaina (ócrea) que protege la yema axilar.
- Es característica la presencia de pelos estrellados, dendroides, cubriendo la mayoría de sus órganos.
- Flores unisexuales en disposición monoica, agrupadas en inflorescencias globosas largamente pedunculadas (Figura 17.1).
  - 3 – 8 sépalos pequeños, libres, pelosos.
  - Muchos pétalos anchos espatulados.
  - 3 – 8 estambres en flores masculinas.
  - 6 – 9 carpelos en flores femeninas.
- Frutos en aquenios agrupados en infrutescencias globosas, con estilos persistentes y rodeados de pelos rígidos que semejan un vilano.

Géneros más importantes y usos

Los plátanos de sombra se cultivan mucho como ornamentales, en plantaciones lineales, en paseos y carreteras. Su madera se utiliza para chapados. Es buen combustible.

Platanus

Platanus orientalis – plátano oriental o de levante
Es del sureste de Europa y suroeste de Asia. Hojas profundamente lobuladas.

Platanus occidentalis – plátano americano o de Virginia
Propio de Norteamérica. Alcanza unos 35 m de altura, hojas acorazonadas en la base.

Platanus hispanica (=*P. hybrida*) – plátano de nuestros jardines (Figura 17.1)
Árbol majestuoso de crecimiento rápido, que puede medrar en condiciones difíciles de contaminación y maltratamiento del sistema radicular en las ciudades y áreas industriales. Es un híbrido de los anteriores. Frutos de 2 en 2, muy resistente, regenera muy bien, propagación por esquejes (Figuras 17.2-17.5).

Figura 17.2. *Platanus hispanica* (plátano de sombra).

Figura 17.3. *Platanus hispanica* (plátano de sombra).

Figura 17.4. *Platanus hispanica* (plátano de sombra). Detalle del tronco.

Figura 17.5. *Platanus hispanica* (plátano de sombra). Detalle del fruto.

CAPÍTULO 18

Familia VITÁCEAS

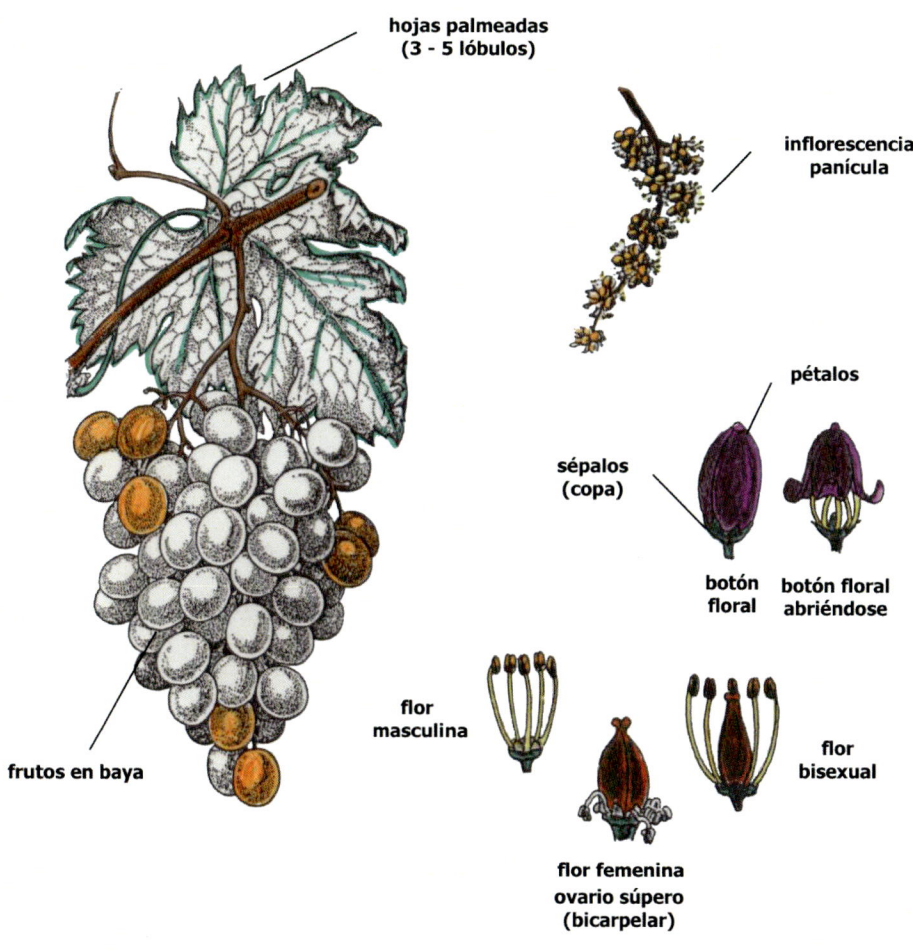

**hojas palmeadas
(3 - 5 lóbulos)**

**inflorescencia
panícula**

pétalos

**sépalos
(copa)**

**botón
floral**

**botón floral
abriéndose**

**flor
masculina**

**flor
bisexual**

frutos en baya

**flor femenina
ovario súpero
(bicarpelar)**

Figura 18.1. Vitáceas. *Vitis vinifera* (vid).

Familia Vitáceas

(Familia de la vid y viña virgen)

ORDEN VITALES

Distribución geográfica

Familia de unas 850 especies, propia de las regiones tropicales y subtropicales.

Caracteres diagnósticos

- Arbustos trepadores generalmente por zarcillos.
- Los zarcillos pueden ser brotes o inflorescencias modificadas, en algunos terminan en discos adhesivos o ventosas.
- Hojas alternas, simples, palmeadas o pinnado-compuestas, con estípulas.
- Inflorescencias racemosas o cimosas.
- Flores pequeñas, regulares, bisexuales o unisexuales monoicas (Figura 18.1).
  - 4-5 sépalos soldados en una estructura en "copa".
  - 4-5 pétalos libres con frecuencia soldados por sus extremos.
  - Estambres en igual nº que los pétalos.
  - Ovario súpero, 2 carpelos soldados.
  - Estilo corto y terminado en un estigma discoidal, a veces tetralobulado.
  - Fórmula floral: * K(5) C5 A5 G(2).
- Fruto en baya.

Géneros más importantes y usos

Vitis (Figura 18.1)

Comprende unas 50 especies de gran importancia económica por la vid, de cuyos frutos se obtiene el vino, siendo en la actualidad la viticultura una verdadera especialidad científica. Los frutos secos son las pasas o las sultanas, si es una variedad sin semillas. De la variedad de vid moscatel se elabora el vino del mismo nombre.

Flores pentámeras y pétalos soldados. La vid se cultiva desde tiempos remotos en la región mediterránea y áreas circundantes, lo que dificulta sus orígenes. La filoxera (*Phylloxera vastatrix*, insecto) provocó a finales del siglo XIX una plaga que arrasó los viñedos europeos (Figuras 18.2 y 18.3).

Vitis vinifera – vid (fruto comestible, elaboración del vino)

Vitis aestivalis – vid (elaboración del vino)

Vitis labrusca – vid (elaboración del vino)

Vitis riparia, *Vitis rupestris*, *Vitis berlandieri* (portainjertos americanos resistentes a la filoxera)

Parthenocissus

Género de unas 15 especies trepadoras. Sus flores carecen del disco lobulado que presentan la mayoría de los géneros. Se utiliza como ornamental para cubrir paredes, vallas y pérgolas.

Parthenocissus quinquefolia – viña virgen (ornamental)
Hojas con 5 lóbulos aserrados y pequeños discos adhesivos en los extremos de los zarcillos (Figuras 18.4-18.6).

Parthenocissus tricuspidata – parra virgen (ornamental)
Hojas simples con zarcillos ramificados y ventosas en los extremos que les permiten adherirse a las superficies (Figuras 18.7 y 18.8).

Figura 18.2. *Vitis vinifera* (cepa).

Figura 18.3. *Vitis vinifera* (vid). Fruto (baya).

Figura 18.4. *Parthenocissus quinquefolia* (parra virgen). Zarcillos caulinares.

Figura 18.5. *Parthenocissus quinquefolia* (parra virgen). Flor.

Figura 18.6. *Parthenocissus quinquefolia* (parra virgen). Frutos (baya).

Figura 18.7. *Parthenocissus tricuspidata* (parra virgen).

Figura 18.8. *Parthenocissus tricuspidata* (parra virgen). Zarzillos caulinares ramificados en discos adhesivos o ventosas.

CAPÍTULO 19

Familia FABÁCEAS

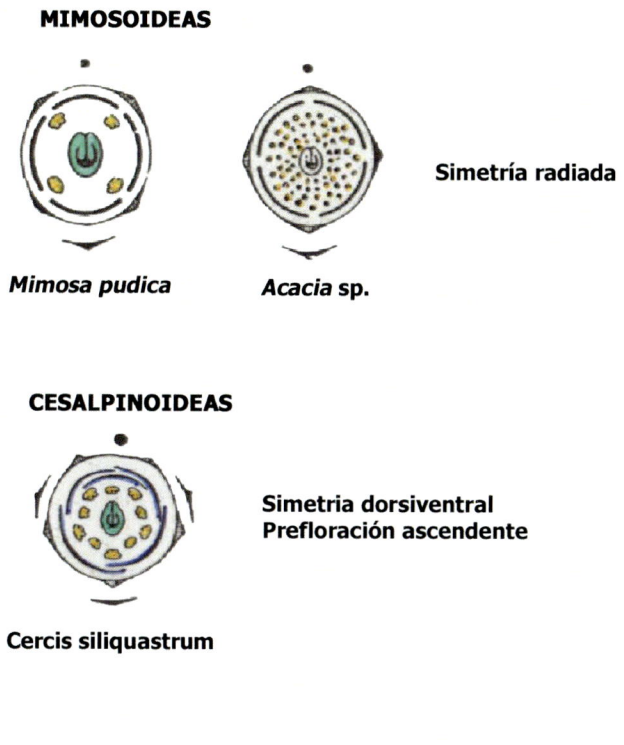

MIMOSOIDEAS

Mimosa pudica   *Acacia* sp.

Simetría radiada

CESALPINOIDEAS

Cercis siliquastrum

Simetria dorsiventral
Prefloración ascendente

PAPILIONOIDEAS

Vivia faba

Simetría dorsiventral
Prefloración descendente

Figura 19.1. Fabáceas. Diagramas florales de las tres subfamilias.

Familia FABÁCEAS
(Familia del guisante)

ORDEN FABALES

Distribución geográfica

Familia de unas 18 000 especies de distribución cosmopolita, aunque son más frecuentes en las regiones templadas, subtropicales y tropicales. En la región mediterránea predominan las formas arbustivas.

Caracteres diagnósticos

- Árboles, arbustos y hierbas de gran importancia económica.
- Presentan nódulos radicales con *Rhizobium* capaces de fijar nitrógeno atmosférico (pueden vivir en suelos pobres).
- Hojas muy variadas, de simples a compuestas, esparcidas, y con estípulas. Estípulas a veces transformadas en espinas (*Acacia* y *Robinia*), otras veces anchas y foliáceas (*Pisum*). Las hojas de algunas especies pueden cambiar frente a estímulos (plegar los foliolos por la noche, en *Mimosa*: los foliolos se abren por contacto).
- Hay muchas especies trepadoras por tallos volubles o zarcillos.
- Flores en racimo. Tendencia de pasar de flor radiada a dorsiventral.
- En todas las leguminosas es característico un gineceo formado por un solo carpelo, ovario súpero, óvulos de 2 a numerosos (alternado en dos filas sobre una única placenta).
- Frutos en legumbre. Puede ser indehiscente y subterránea (*Arachis*) o abrirse violentamente con una explosión como en los escobones (*Cytisus*), tojos (*Ulex*) o altramuces (*Lupinus*).
- Semillas: embrión grande, y con poco o nada de endosperma.
- Comprende 3 subfamilias (Figura 19.1):
  - Mimosoideas
  - Cesalpinoideas
  - Papilionoideas

Subfamilias y géneros más importantes y usos

MIMOSOIDEAS (MIMOSÁCEAS)

- Árboles y arbustos tropicales (56 géneros).
- Hojas simples, bipinnaticompuestas y paripinnadas o filodios.
- Flores radiadas (unisexuales o bisexuales), estambres de cuatro a numerosos, y reunidas en glomérulos (Figuras 19.13-19.17).
- Filamentos de los estambres coloreados y de gran longitud.
- Fórmula floral: * K(4) C4 A∞ G1

Mimosa

Mimosa pudica – sensitiva (ornamental) (Figura 19.2)
Los foliolos se pliegan de noche o cuando hay un golpe, roce o sacudida brusca, fenómeno que se denomina sismonastia, que se debe a los cambios de turgencia de los tejidos (Figuras 19.13-19.15).

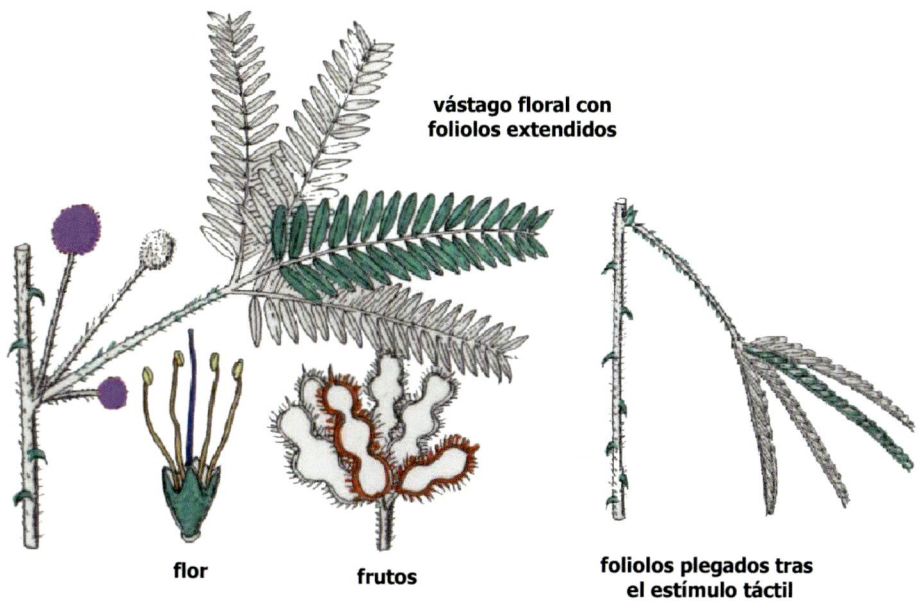

vástago floral con foliolos extendidos

flor   **frutos**

foliolos plegados tras el estímulo táctil

Figura 19.2. Mimosoideas. *Mimosa pudica* (sensitiva).

Acacia

Este género es muy amplio, presente en los climas cálidos y tropicales. En Australia, se considera emblema nacional. Las semillas tienen una cubierta muy dura y pueden permanecer viables durante más de 20 años. Se cultivan como ornamentales en jardines y plazas desde en nivel del mar hasta 1000 metros de altitud. A veces naturalizada.

Acacia melanoxylon – acacia negra (ornamental) (Figura 19.3)

Acacia dealbata – mimosa (ornamental) (Figura 19.4)

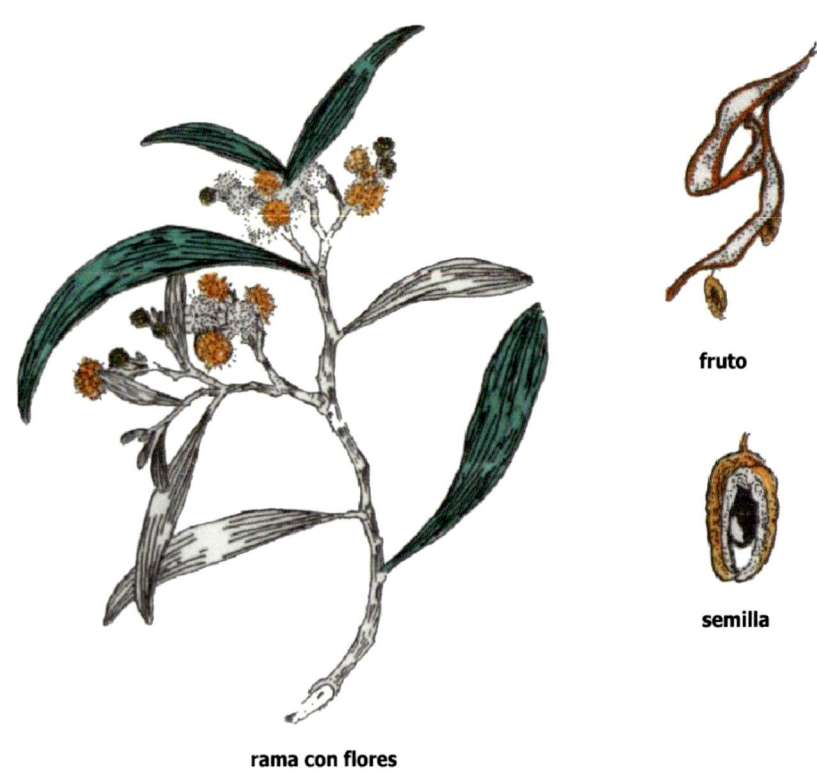

fruto

semilla

rama con flores

Figura 19.3. Mimosoideas. *Acacia melanoxylon.*

Figura 19.4. Mimosoideas. *Acacia dealbata.*

CESALPINOIDEAS (CESALPINÁCEAS)

- Plantas leñosas tropicales y subtropicales, con unos 190 géneros y aproximadamente 2800 especies.
- Hojas simples, pinnadas o bipinnadas.
- Flor dorsiventral y bisexual, prefloración ascendente.
- Estambres 10 (o menos) libres (o soldados).
- Fórmula floral: ↓ K(5) C5 A10 G1

Ceratonia

Ceratonia siliqua – algarrobo (frutos indehiscentes comestibles) (Figura 19.5)
Árbol típicamente mediterráneo, de 4-10 m de altura, sensible a las heladas, por lo que lo encontramos en la zona litoral, desde el mar hasta unos 1000 metros de altitud. Vive en terrenos secos y pedregosos, principalmente en los calcáreos. Se cultiva para aprovechar sus frutos y como ornamental.

Flores bisexuales o unisexuales en diferentes pies, agrupadas en racimos bracteados que nacen de las ramas y del tronco. Florece a partir de julio o agosto. El fruto es una legumbre indehiscente, que madura un año después. La pulpa del fruto se utiliza como sustituto del chocolate y del café, pero sobre todo el fruto es un excelente alimento para el ganado, bien directamente o en forma de pienso (garrofín). La madera es dura y puede ser pulimentada, valorada en ebanistería, y proporciona un buen carbón (Figuras 19.18-19.22).

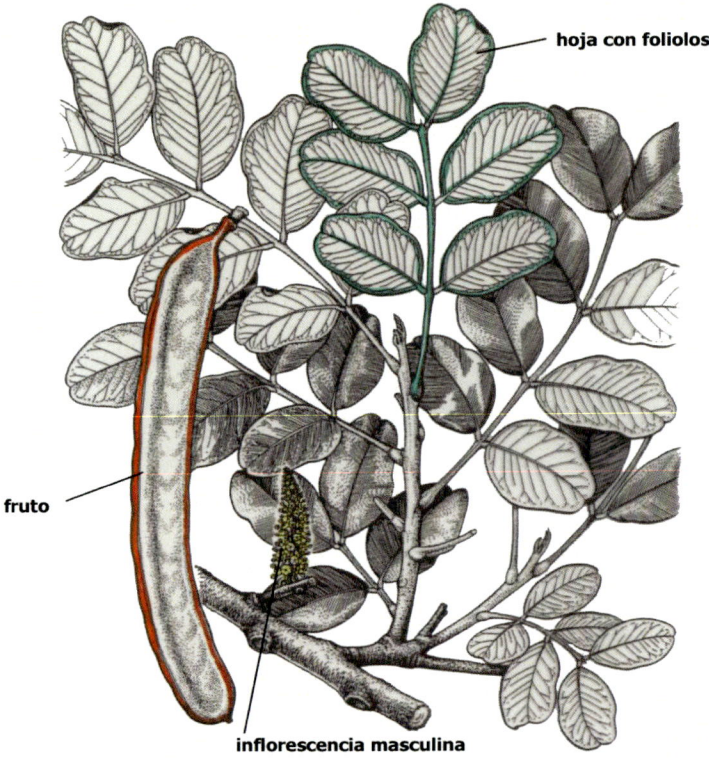

Figura 19.5. Cesalpinoideas. *Ceratonia siliqua* (algarrobo).

Cercis

Cercis siliquastrum – árbol del amor (ornamental) (Figura 19.6)
Árbol caducifolio, de 5-10 m de altura. Hojas simples, acorazonadas en la base. Flores precoces que nacen en hacecillos (fascículos) de las ramas y del tronco; es una planta de las denominadas caulifloras, como el algarrobo. Floración espectacular que se produce antes de que broten las hojas nuevas. Muy cultivado como árbol ornamental en parques y jardines (Figuras 19.23-19.25).

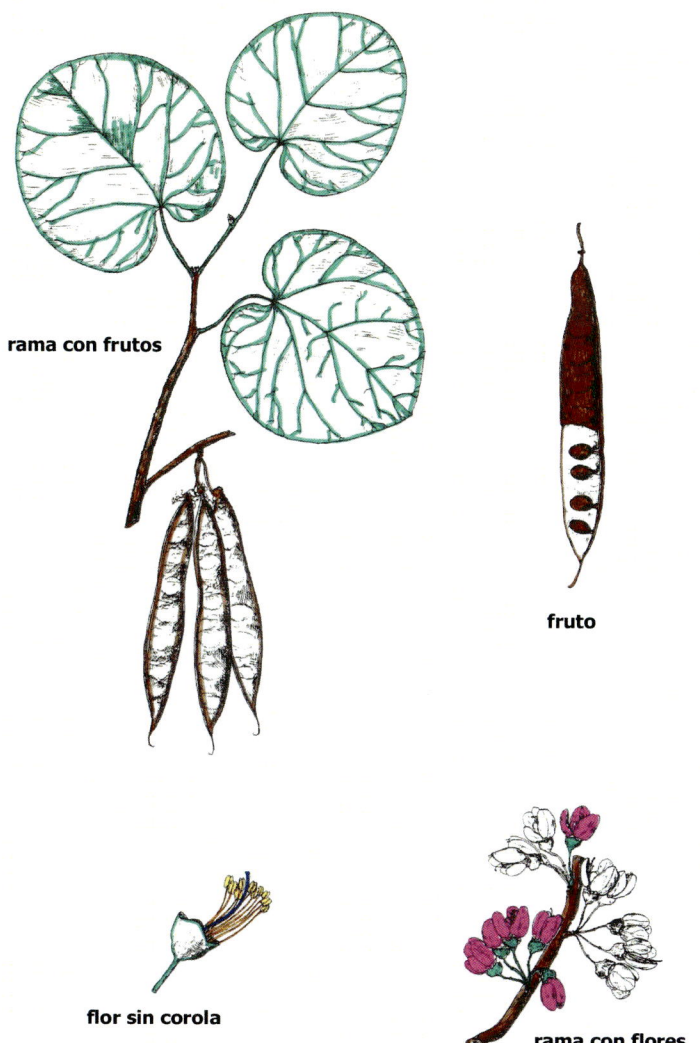

rama con frutos

fruto

flor sin corola

rama con flores

Figura 19.6. Cesalpinoideas. *Cercis siliquastrum* (árbol del amor).

Gleditsia

Gleditsia triacanthos – acacia de 3 espinas (ornamental las variedades inermes) (Figura 19.7)

Árbol caducifolio que puede alcanzar los 45 m de altura. Tronco y ramas provistos de fuertes espinas rojizas, aplastadas en la base, simples o ramificadas, de hasta 15 cm de longitud, faltando en algunas en algunas variedades de cultivo. Flores dispuestas en largos racimos espiciformes que nacen en las axilas de las hojas de años anteriores. Es especie vecera, dando una cosecha abundante cada 3 o 5 años. Poco exigente en cuanto a suelo y clima, soportando bien tanto la sequía como las heladas. Retoña con facilidad. Es originaria del centro y este de Norteamérica, desde donde se introdujo en Europa en el siglo XVIII. Se cultiva en casi toda la Península y puede aparecer asilvestrada. En Andalucía se encuentra más o menos naturalizada (Figuras 19.26 y 19.27). No confundir con la *Genista monosperma* (Figura 19.28).

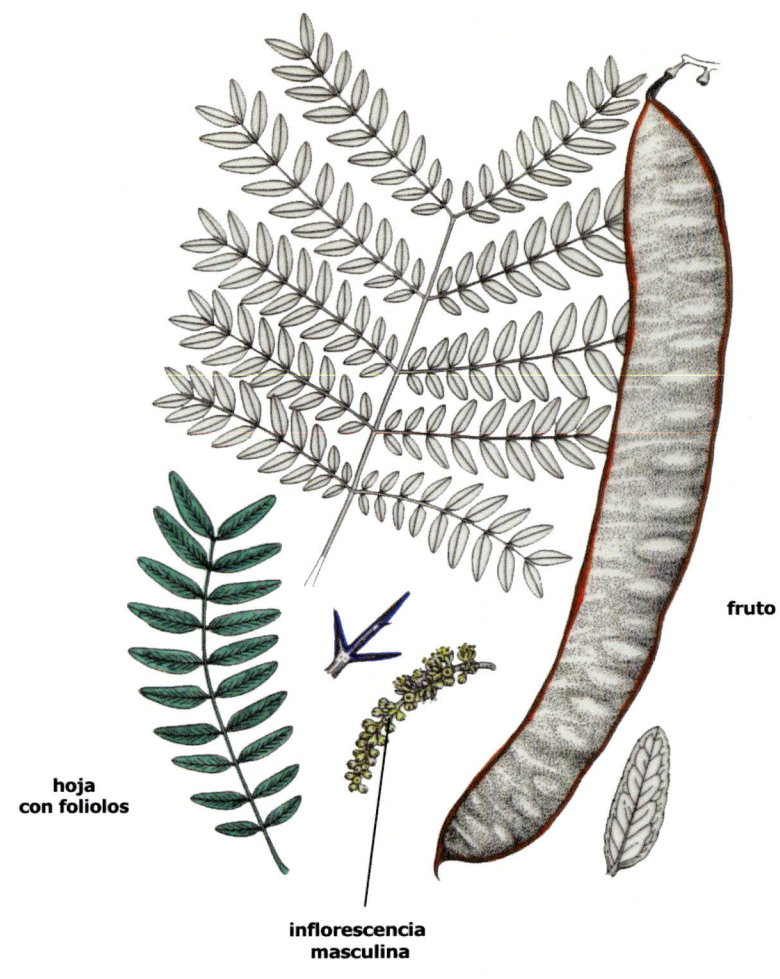

fruto

**hoja
con foliolos**

**inflorescencia
masculina**

Figura 19.7. Cesalpinoideas. *Gleditsia triacanthos* (acacia de tres espinas).

PAPILIONOIDEAS

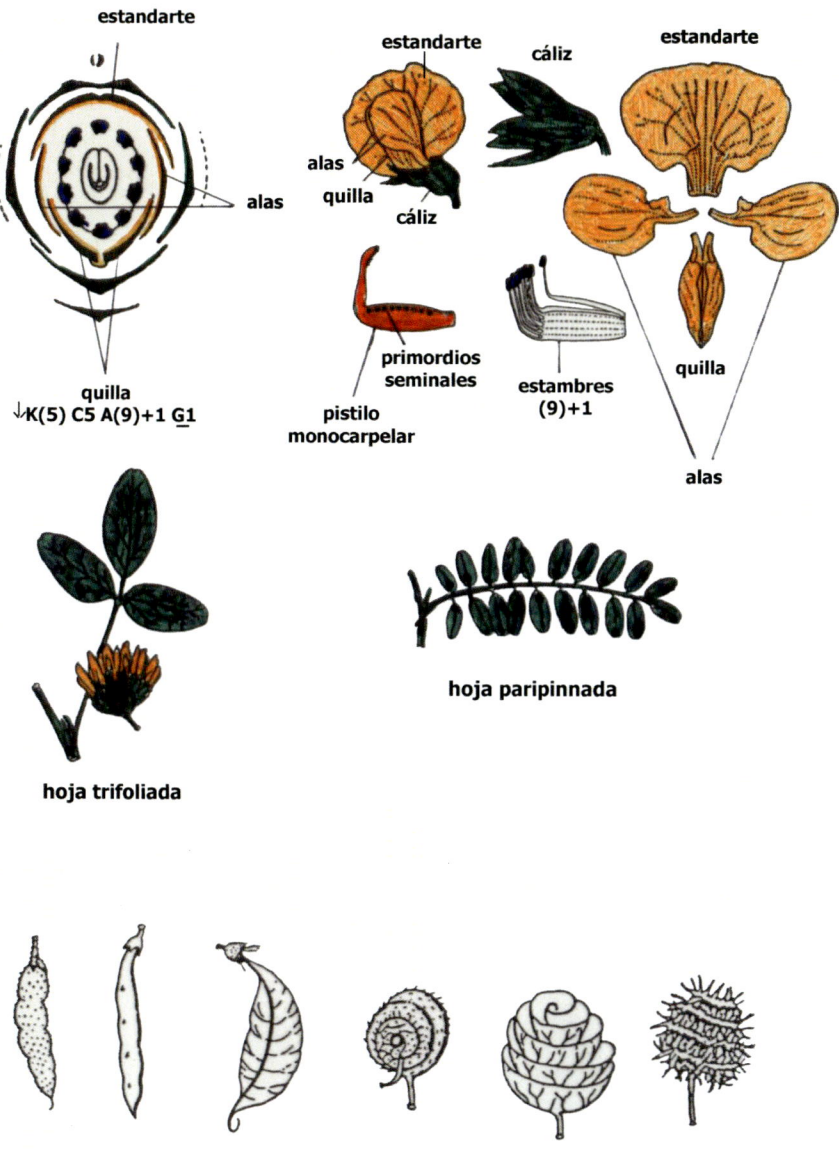

Figura 19.8. Papilionoideas. Flor papilionácea y diagrama floral. Tipos de hojas. Morfología de frutos.

PAPILIONOIDEAS (PAPILIONÁCEAS O FABÁCEAS)

- Hojas: las primitivas imparipinnadas, de ellas derivan las palmaticompuestas (*Lupinus*), las trifoliadas (*Trifolium*) y por último las simples (Figura 19.8).
- Flores en disposición variada, de solitarias a reunidas en inflorescencias, la inflorescencia más característica es el racimo.
- Flores papilionáceas dorsiventrales (bisexuales) de prefloración descendente en racimos (Figura 19.8).
  - Cáliz: 5 sépalos concrescentes.
  - Corola pentámera, con "estandarte" (pétalo posterior envolvente), "alas" (laterales) y "quilla" (2 anteriores concrescentes) (Figuras 19.43-19.49).
  - Estambres: 10 libres (*Sophora*), soldados (monoadelfos: *Ulex*), 9 soldados y el estambre dorsal libre (diadelfos: *Vicia*).
  - Fórmula floral: $\downarrow$K(5) C5 A(9) + 1 ó (10) G$\underline{1}$.

LEGUMINOSAS DE GRANO

Arachis

Arachis hypogaea – cacahuete (Figura 19.9)
Planta herbácea natural de América del sur. Es uno de los cultivos más importantes en las zonas tropicales y subtropicales. Fue introducido en España en tiempos de Carlos III, y se cultivaba principalmente en la Comunidad Valenciana. Los frutos, después de la fecundación de la flor, se entierran por un fenómeno de geocarpia (geotropismo positivo) mediante un pedicelo del ovario llamado carpóforo, que se introduce bajo tierra para que finalice el desarrollo del fruto. Planta anual. Flores amarillas, generalmente autopolinizadas. De las semillas se extrae aceite y son una buena fuente de proteína.

Cicer

Cicer arietinum – garbanzo
Es una de las legumbres cultivadas más antiguas que se conoce, y ha formado parte de la dieta mediterránea desde hace millones de años. Probablemente originaria del nordeste de África. Planta anual, velluda, glandulosa. Hojas imparipinnadas, con 6-8 pares de foliolos. Flores solitarias romboidales y terminados en pico. La semilla es fuente importante de proteína azules o blancas. Cáliz con 5 dientes iguales. Frutos gruesos, ovales.

estandarte

estambres

fruto

semilla

Figura 19.9. Papilionoideas. *Arachis hypogaea* (cacahuete).

Lens

Lens culinaris – lenteja

Se cultiva desde hace mucho tiempo, y se cree que es originaria de Oriente Próximo o de la región mediterránea. Las lentejas han sido seleccionadas por el hombre dentro de un gran espectro de colores y formas. Se puede cultivar en las regiones semiáridas gracias a la resistencia que presenta a los ambientes secos. En cuanto al contenido de proteína ocupa el quinto lugar dentro de las leguminosas. Planta herbácea, anual, muy ramificada. Hojas de 3-8 pares de foliolos oblongos o elípticos y estípulas hastadas o dentadas. Flores pequeñas y blancas.

Lupinus

Lupinus albus – altramuz

Es originaria del este del Mediterráneo. Cáliz con 2 labios profundos y con pelos. Estandarte muy grande. Flores blancas, muy olorosas y en verticilos. Hojas digitadas con 5-9 foliolos. Semillas gruesas, lenticulares y lisas, de color amarillo.

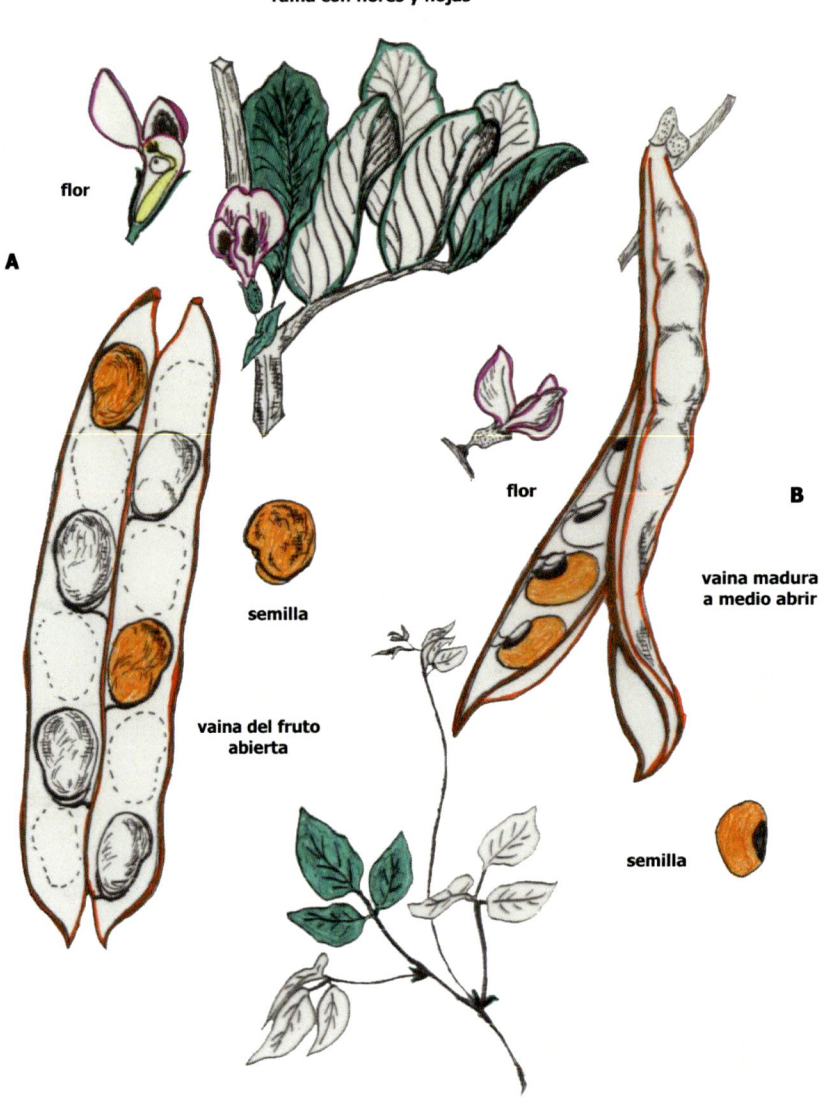

rama con flores y hojas

flor

A

semilla

vaina del fruto
abierta

flor

B

vaina madura
a medio abrir

semilla

Figura 19.10. Papilionoideas. (A) *Vicia faba* (haba), (B) *Phaseolus vulgaris* (judía).

Phaseolus

Phaseolus vulgaris – judía (Figura 19.10B)
Originaria de Sudamérica. Es la segunda leguminosa en importancia después de la soja. Se cultiva desde hace mucho tiempo en zonas templadas, tropicales y subtropicales. Existen numerosas variedades, con flores y legumbres de distinto color, así como frutos y semillas de forma y tamaño variable, por lo que a veces resulta difícil su nomenclatura. Planta anual, trepadora, de hasta 4 metros de altura. Hojas ovales u orbiculares. Las variedades de flor blanca producen semillas blancas.

Pisum

Pisum arvense – guisante forrajero

Pisum sativum – guisante
Originaria del área mediterránea. Planta anual y trepadora. Cáliz con 5 dientes desiguales, estandarte orbicular, flores grandes rojas o blancas. Hojas imparipinnadas, grandes, terminadas en zarcillos ramificados (Figuras 19.29-19.31).

Glycine

Glycine soja (*G. max*) – soja
Planta natural del norte de China y Manchuria. Los misioneros la trajeron de oriente, pero no se hizo popular hasta finales de 1890. Es la leguminosa que contiene más cantidad de proteína. En occidente se utiliza principalmente para la obtención de aceite y para el ganado. Planta anual, velluda, erecta. Hojas con 3 foliolos ovales-elípticos. Flores en racimos de 5-8 flores, de color violeta, rosa o blanco.

Vicia

Vicia faba – haba (Figura 19.10A)
Su cultivo está íntimamente asociado a la cultura mediterránea: egipcia, griega y romana. El fabismo es una enfermedad relacionada con la anemia hemolítica, y un consumo en exceso de habas agrava la enfermedad. Planta anual, erecta, pubescente y resistente; fácilmente reconocible por sus tallos cuadrangulares. Hojas de 1-3 pares de foliolos. Cáliz con dientes desiguales. Flores blancas, con una mancha negra en las alas (Figuras 19.32 y 19.34).

LEGUMINOSAS FORRAJERAS

Trifolium

Incluye malas hierbas de ambiente húmedos de frutales de regadío. Hojas características (trifolium=3 hojas) y corola marcescente. Flores en cabezuelas, a veces espiciformes.

Trifolium repens – trébol blanco (Figura 19.35)

Trifolium pratense – trébol rojo

Medicago

Legumbres arqueadas y enrolladas en espiral, indehiscentes. Hojas trifoliadas y flores en general amarillas. Frecuente en terrenos cultivados y baldíos.

Medicago sativa – alfalfa (Figura 19.36)

Onobrychis

Es una especie naturalizada a partir del cultivo. Se encuentra en ambientes arvenses y ruderales. Hojas con 6-14 pares de foliolos. Flores rosas en densos racimos. Legumbres aplanadas con dientes cortos y superficie reticulada.

Onobrychis vicifolia – esparceta, pipirigallo

LEGUMINOSAS DE JARDINERÍA

Styphnolobium

Styphnolobium japonicum (Sophora japonica) – *acacia del Japón, árbol de la miel o árbol de las pagodas*
Árbol caducifolio, originario del Japón, de hasta 25 m de altura. Flores de color amarillo pálido. Fruto articulado, tipo lomento, indehiscente. Muy utilizado como ornamental y como árbol de sombra. Es resistente al frío, al calor y a la sequedad. Apreciada por su floración tardía, estival, cuan- do no hay muchos árboles en flor (Figuras 19.37 y 19.38).

Laburnum

Laburnum anagyroides – lluvia de oro
Arbusto o pequeño arbolito perennifolio de origen europeo. Hojas alternas trifoliadas con pecíolo largo y estípulas triangulares. Flores amarillas y dispuestas en largos racimos péndulos. Cultivado como planta ornamental en jardines y también para fijar taludes de carreteras. En ocasiones aparece asilvestrado y citado como subespontáneo

Robinia

Robinia pseudoacacia – robinia o falsa acacia (Figura 19.11)
Árbol caducifolio natural de América del norte, que puede alcanzar unos 25 m de altura. Flores blancas y muy olorosas. Hojas pinnadas, y corteza muy acanalada. Se cultiva en parques y paseos, o para fijar bordes y taludes de carreteras, en cualquier tipo de terreno. A menudo naturalizada en bosques frescos y húmedos. Se emplea también en repoblaciones (Figuras 19.39 y 19.40).

rama con flores
y fruto

fruto

Figura 19.11. Papilionoideas. *Robinia pseudoacacia* (falsa acacia).

Tipuana

Tipuana tipu – Tipuana (Figura 19.12)

Árbol caducifolio, originario de las zonas tropicales de América, de unos 10-15 m de altura. Flores amarillo anaranjado. Fruto en legumbre alada, similar al de los arces, que no se abre al madurar. Cultivado en parques y jardines de ciudades de clima suave del este y sur de la Península. No aguanta las heladas, por lo demás es poco exigente.

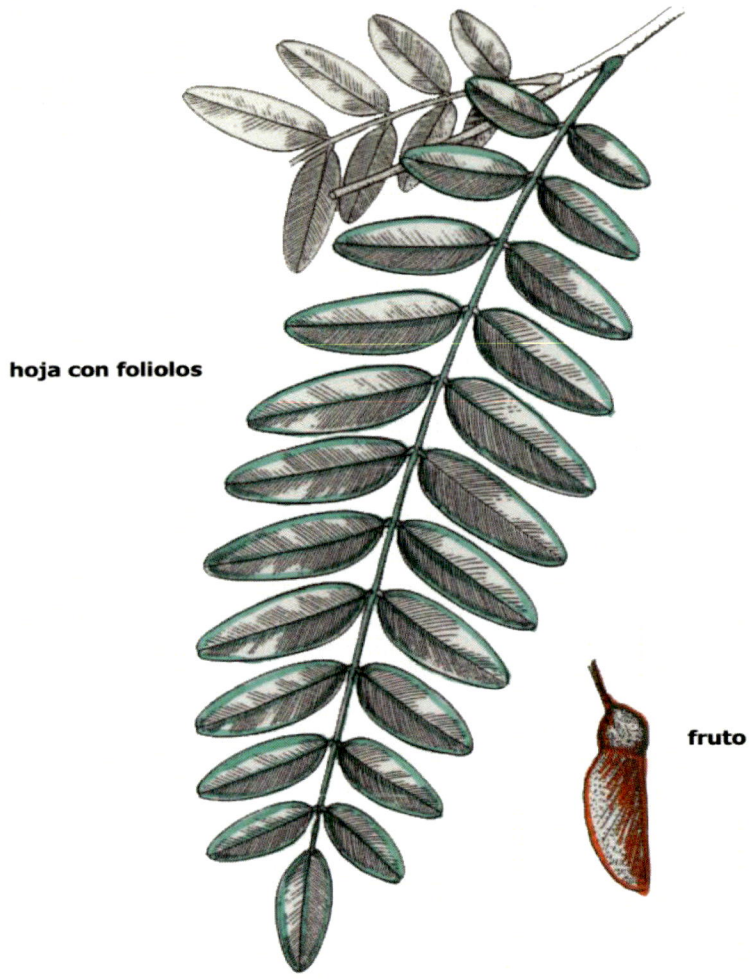

hoja con foliolos

fruto

Figura 19.12. Papilionoideas. *Tipuana tipu* (tipuana).

LEGUMINOSAS AUTÓCTONAS (Figuras 19.41-19.49)

Ulex

Arbusto perennifolio, muy espinoso, de hasta 2 metros de altura. Hojas muy reducidas y poco evidentes con aspecto de escama triangular. Flores amarillas.

Género muy complejo, y se considera que en la Península se encuentra el centro de diversificación.

Ulex parviflorus – tojo o aulaga
Crece en matorrales, romerales, encinares y pinares, preferentemente en lugares secos y soleados, desde el nivel del mar hasta 1500 m de altitud. Requiere un clima mediterráneo térmico, no aguanta bien las heladas frecuentes (Figuras 19.41 y 19.42).

Genista

Género formado por unas 50 especies españolas, de las que muchas no alcanzan el porte arbustivo. Especies desde muy espinosas a inermes. Hojas sencillas, a veces trifoliadas. Flores amarillas. La mayoría de ellas, salvo las tintóreas, no tienen mayor utilidad que servir de leña para el fuego y para fabricar escobas.

Genista scorpius – genista o aliaga

Glycyrrhiza

Glycyrrhiza glabra – regaliz
Planta herbácea perenne de hasta 1 metro de altura. Natural del área mediterránea en zonas húmedas y de ribera. Tallo leñoso y dulce. Hojas imparipinnadas. Flores azuladas y reunidas en racimos. Raíces muy largas, de color amarillo en su interior, y de sabor muy dulce. Se emplea en medicina como expectorante.

Figura 19.13. Mimosoideas. *Mimosa pudica* (sensitiva).

Figura 19.14. Mimosoideas. *Mimosa pudica* (sensitiva). Respuesta estímulo táctil.

Figura 19.15. Mimosoideas. *Mimosa pudica* (sensitiva). Inflorescencia en glomérulo.

Figura 19.16. Mimosoideas. *Leucanea* sp. Inflorescencia glomérulo en desarrollo. Fruto (legumbre).

Figura 19.17. Mimosoideas. *Leucanea* sp. Inflorescencia en glomérulo y hojas doblemente divididas.

Figura 19.18. Cesalpinoideas. *Ceratonia siliqua* (algarrobo).

Figura 19.19. Cesalpinoideas.
Ceratonia siliqua (algarrobo).
Flor unisexual masculina.

Figura 19.20. Cesalpinoideas.
Ceratonia siliqua (algarrobo).
Flor unisexual femenina.

Figura 19.21. Cesalpinoideas. *Ceratonia siliqua* (algarrobo). Flor bisexual.

Figura 19.22. Cesalpinoideas. *Ceratonia siliqua* (algarrobo). Fruto (legumbre).

Figura 19.23. Cesalpinoideas. *Cercis siliquastrum* (árbol del amor).

Figura 19.24. Cesalpinoideas. *Cercis siliquastrum* (árbol del amor). Inflorescencia.

Figura 19.25. Cesalpinoideas. *Cercis siliquastrum* (árbol del amor). Fruto (legumbre).

Figura 19.26. Cesalpinoideas. *Gleditsia triacanthos* (acacia de tres espinas). Fruto (legumbre).

Figura 19.27. Cesalpinoideas. *Gleditsia triacanthos* (acacia de tres espinas). Detalle de las espinas.

Figura 19.28. Cesalpinoideas. *Gleditsia monosperma*. Detalle de las espinas.

Figura 19.29. Papilionoideas. *Pisum sativum* (guisante). Flor.

Figura 19.30. Papilionoideas.
Pisum sativum (guisante).

Figura 19.31. Papilionoideas.
Pisum sativum (guisante). Fruto (legumbre).

Figura 19.32. Papilionoideas. *Vicia faba* (haba).

Figura 19.33. Papilionoideas.
Vicia faba (haba). Flor.

Figura 19.34. Papilionoideas.
Vicia faba (haba). Fruto (legumbre).

Figura 19.35. Papilionoideas.
Trifolium repens (trébol blanco).

Figura 19.36. Papilionoideas.
Medicago sativa (alfalfa).

Figura 19.37. Papilionoideas. *Styphnolobium japonica* (acacia del Japón). Flor.

Figura 19.38. Papilionoideas. *Styphnolobium japonica* (acacia del Japón). Fruto (lomento).

Figura 19.39. Papilionoideas. *Robinia pseudoacacia* (falsa acacia). Flor.

Figura 19.40. Papilionoideas. *Robinia pseudoacacia* (falsa acacia). Fruto (legumbre).

Figura 19.41. Papilionoideas. *Ulex parviflorus* (aulaga).

Figura 19.42. Papilionoideas. *Ulex parviflorus* (aulaga). Flor.

Figura 19.43. Papilionoideas. *Spartium junceum* (retama de olor).

Figura 19.44. Papilionoideas. *Spartium junceum* (retama de olor). Flor.

Figura 19.45. Papilionoideas. *Spartium junceum* (retama de olor). Fruto (legumbre).

Figura 19.46. Papilionoideas. *Bituminaria bituminosa* (trébol hediondo).

Figura 19.47. Papilionoideas. *Bituminaria bituminosa* (trébol hediondo).

Figura 19.48. Papilionoideas. *Coronilla* sp.

Figura 19.49. Papilionoideas. *Coronilla* sp. Flor.

CAPÍTULO 20

Familia ROSÁCEAS

SUBFAMILIA ESPIROIDEAS

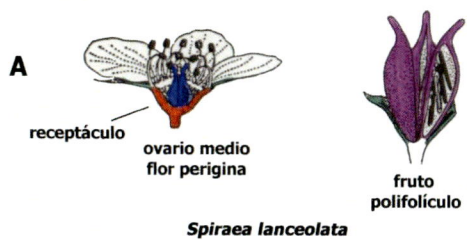

A

receptáculo

ovario medio
flor perigina

fruto
polifolículo

Spiraea lanceolata

SUBFAMILIA ROSOIDEAS

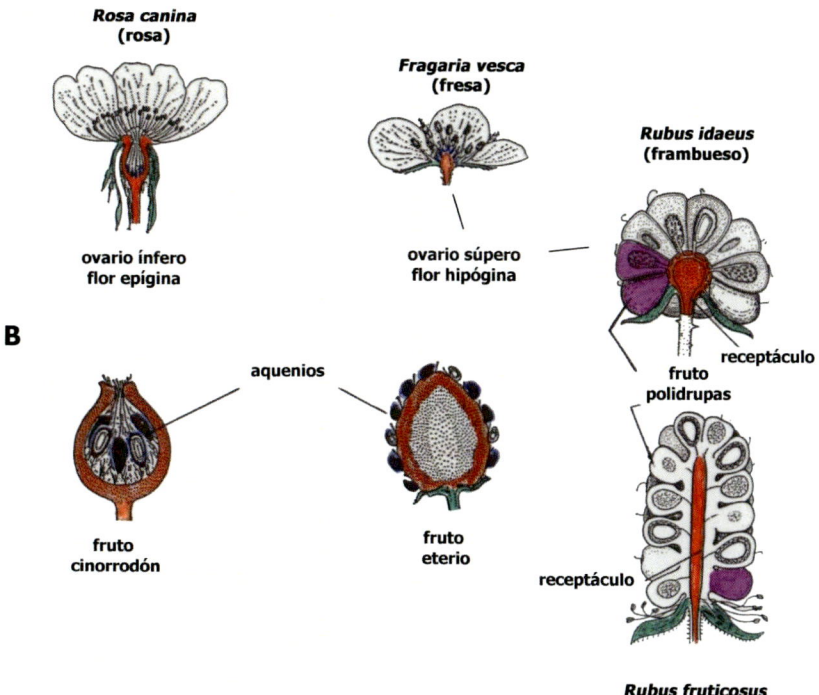

Rosa canina
(rosa)

ovario ínfero
flor epígina

Fragaria vesca
(fresa)

ovario súpero
flor hipógina

Rubus idaeus
(frambueso)

receptáculo

fruto
polidrupas

B

aquenios

fruto
cinorrodón

fruto
eterio

receptáculo

Rubus fruticosus
(zarzamora)

Figura 20.1. Rosáceas. Tipos de flores y frutos. (A) Subfamilia
Espiroideas. (B) Subfamilia Rosoideas.

Familia Rosáceas

(Familia de la rosa)

ORDEN ROSALES

Distribución geográfica

Familia numerosa, más de 2800 especies de distribución cosmopolita, aunque está más bien representada en las regiones templadas del hemisferio norte.

Caracteres diagnósticos

- Plantas leñosas y herbáceas de gran interés agronómico. Ej: manzanos, ciruelos, cerezos, melocotoneros, frambuesos, fresales, etc.
- Espinas: *Crataegus, Prunus*.
- Emergencias (aguijones): *Rosa* y *Rubus*.
- Hojas alternas, simples o compuestas, con estípulas. Generalmente caducas.
- Algunas especies pueden propagarse por estolones (leñosas=*Rubus*, herbáceas=*Fragaria*).
- Producen mucho polen y también néctar.
- Flores grandes regulares y bisexuales, pentámeras, desde hipoginas a epiginas, polinización entomófila.
  - Epicáliz.
  - Normalmente 5 pétalos y 5 sépalos, aunque en ornamentales son frecuentes las flores dobles (*Kerria, Prunus, Rosa*, etc.), originadas por sustitución de estambres o estilos, por piezas petaloideas.
  - Amplia gama de colores (falta el azul).
  - Estambres numerosos, duplicando, triplicando o más el número de pétalos.
  - Carpelos libres o con distinto grado de soldadura.
- Frutos variados, en este carácter se basa la clasificación en subfamilias.
- Semillas sin endospermo o solamente trazas de él.

- Desde un punto de vista agronómico y teniendo en cuenta, la posición del ovario y el tipo de fruto, consideramos 4 subfamilias (Figuras 20.1 y 20.6):
  - Espiroideas
  - Rosoideas
  - Maloideas
  - Amigdaloideas (Prunoideas)

Subfamilias y géneros más importantes y usos

ESPIROIDEAS

- Arbustos o hierbas perennes.
- Frutos en folículo o polifolículo.
- Gineceo de 2 a 5 carpelos libres (Figura 20.1A).
- Ovario medio (flor perigina).
- Fórmula floral: * K5 C5 A∞ G -2 a 5-.

Spiraea

Spiraea japonica – espirea de Japón (ornamental)
Arbusto originario de China y Japón, muy cultivado como ornamental en jardines. Flores rosadas, en inflorescencias (panícula) anchas. Hojas lanceoladas, de margen dentado, verde azuladas por el envés. El polen puede causar alergias respiratorias (Figura 20.12).

ROSOIDEAS

- Arbustos o plantas herbáceas.
- Frutos en aquenios o drupas.
- Los carpelos son numerosos y libres, y están dispuestos sobre un receptáculo cóncavo (*Rosa*) o convexo (*Rubus*, *Fragaria*), dando lugar a frutos agregados, poliaquenios o polidrupas (Figura 20.1B).
- Ovario ínfero (*Rosa*) o súpero (*Fragaria*).
- Fórmula floral: * K5 C5 A∞ G∞

Rosa

Rosa sp. – rosa (Figura 20.2)

frutos
(cinorrodón)

rama con flor

emergencia
en un tallo

flor sin pétalos
sección longitudinal

Figura 20.2. Rosoideas. *Rosa canina* (rosa).

Arbustos, sarmentosos y enmarañados. Forma parte de lindes y orlas de bosque, sobre todo tipo de suelos. Tallos recubiertos de fuertes aguijones curvos, a modo de garfio, ensanchados por la base. Hojas compuestas, imparipinnadas, estípulas, foliolos aserrados, de color verde intenso, con el peciolo y el raquis espinoso. Flores solitarias o en corimbo. El fruto, escaramujo, es comestible, y está formado por numerosos aquenios encerrados en un receptáculo cóncavo, llamado cinorrodón. Los rosales cultivados proceden de especies silvestres que se han seleccionado por hibridación, dando lugar a un gran número de variedades y cultivares de flores con numerosos pétalos por transformación de los estambres (Figuras 20.13 y 20.14).

Fragaria

Fragaria vesca – fresa silvestre (Figura 20.3)

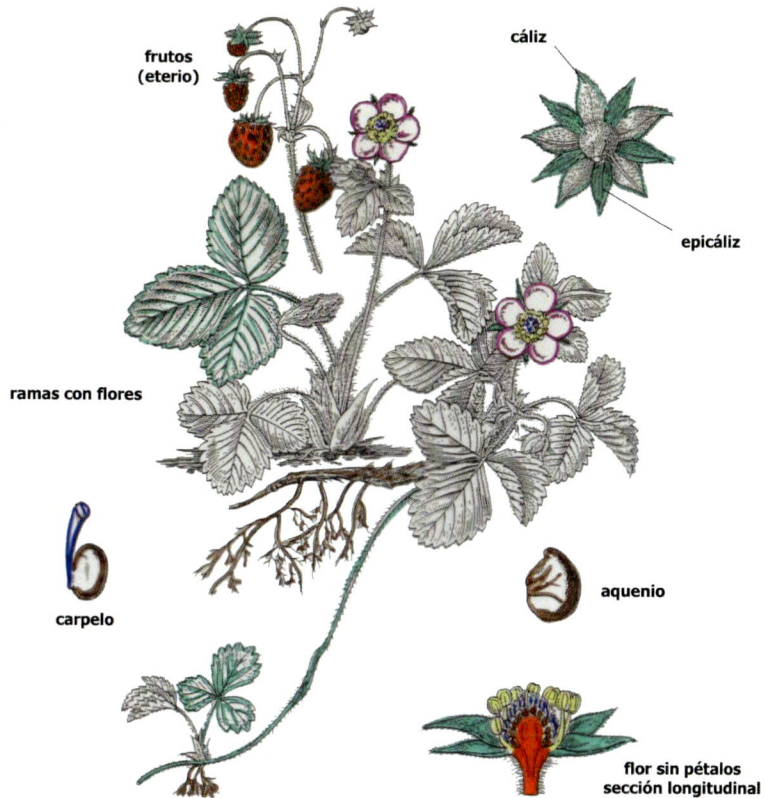

Figura 20.3. Rosoideas. *Fragaria vesca* (fresa).

Planta herbácea estolonífera, perenne, de zonas templadas. Se encuentra en bosques frescos de encinas, robledales, melojares y hayedos, forman- do parte de la orla herbácea. De los nudos de cada estolón se forman nuevas raíces y tallos, así de una planta pueden formarse de 5 a 6 plantas nuevas. Hojas en roseta, compuestas, 3 foliolos aserrados. Flores solitarias o en grupos de 3, blancas. Los frutos corresponden a numerosos aquenios dispuestos sobre el eje floral carnoso, denominado eterio, de color rosado rojizo, muy aromático y de sabor agridulce. La fresa cultivada (fresón) corresponde a un híbrido (*Fragaria* x *ananassa*), con diversos cultivares, que producen frutos rojos y grandes. Los frutos son muy ricos en vitamina C y se consumen en fresco o bien se emplean para elaborar mermeladas, helados, siendo uno de los ingredientes habituales en pastelería (Figuras 20.15-20.17).

Rubus

Rubus ulmifolius – zarzamora (Figura 20.4)

Figura 20.4. Rosoideas. *Rubus ulmifolius* (zarzamora).

Arbusto sarmentoso e impenetrable, que se extiende más a lo ancho que a lo alto, al producir cada año nuevos vástagos (turiones) muy largos, violáceos, dotados de fuertes aguijones ganchudos, que suelen arquearse y enraizar durante el otoño. Hojas con 3-5 foliolos ovoides, aserrados y estrechados en el ápice, con pelos blancos por el envés. Flores blancas o sonrosadas, formando panículas más o menos piramidales. El fruto, la zarzamora o mora de zarza, es una polidrupa de color negro cuando está madura. Se emplean para elaborar mermeladas, bebidas alcohólicas y en medicina popular se usan como astringentes. Además de aprovechar los frutos, también se cultiva para formar bardas y setos (Figuras 20.18 y 20.19).

Rubus idaeus – frambueso (Figura 20.5)

Figura 20.5. Rosoideas. *Rubus idaeus* (frambueso).

Arbustillo, poco ramoso, grácil, con tallos leñosos, erguidos, de color verde azulado, cubiertos por aguijones delgados más o menos rectos y rojizos. Hojas pinnadas, con 3-7 foliolos ovados, de margen aserrado. Flores blancas, cabizbajas, dispuestas en ramilletes laxos. Fruto, en polidrupa, de color rojo o rosado, tomentoso, que se desprende al madurar. Son frecuentes en la mitad norte peninsular, y se cultivan para aprovechar sus frutos, las frambuesas, que se consumen frescas o se utilizan para preparar mermeladas, bebidas refrescantes, licores y vinagres. En medicina popular se emplea para tratar el escorbuto, como astringente y para combatir la cistitis (Figura 20.20).

MALOIDEAS

- Son los frutales de pepita.
- Frutos en pomo.
- Los carpelos en número de 2 a 5 se sueldan con el tálamo, el cual interviene en la formación del fruto (Figura 20.6A).
- Ovario ínfero (flor epigina).
- Fórmula floral: * K5 C5 A∞ G(2-5)

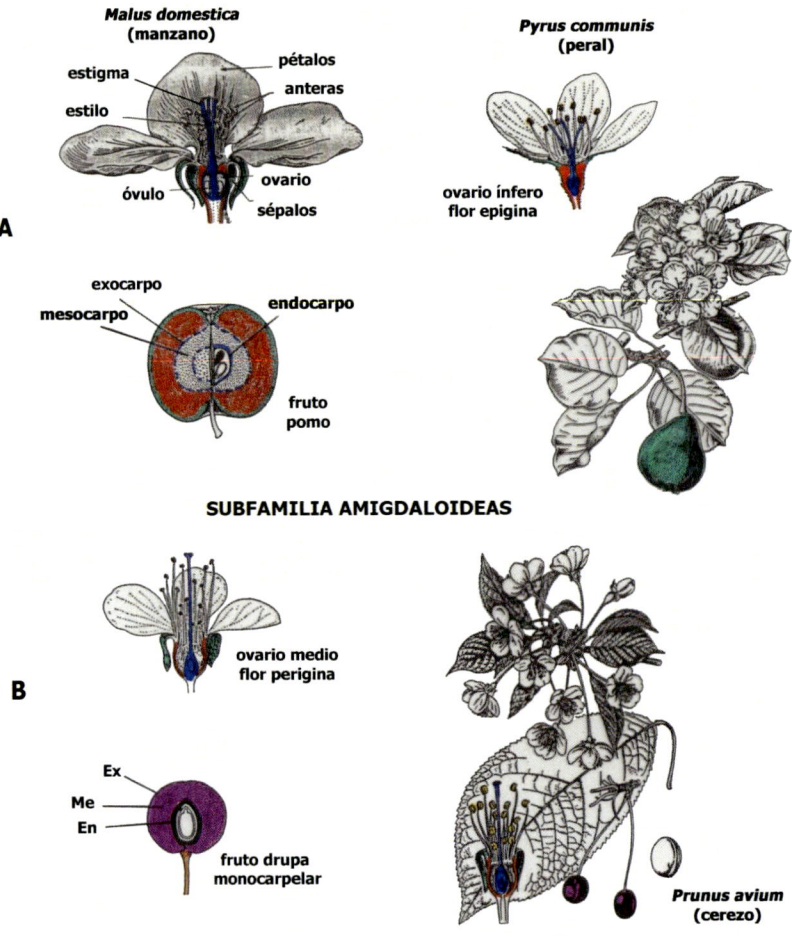

Figura 20.6. Rosáceas. Tipos de flores y frutos. (A) Subfamilia Maloideas. (B) Subfamilia Amigdaloideas.

Eriobotrya

Eriobotrya japonica – níspero del Japón (Figura 20.7)

Árbol nativo de China, pero cultivado en Japón desde tiempos inmemoriales, de ahí su nombre. Es perenne y alcanza unos 8-10 m de altura. Hojas simples agrupadas en haces, lanceoladas, dentadas en el margen, envés cubierto de un fieltro o borra que a menudo toma un color herrumbroso y peciolo muy corto. Flores pequeñas, blancas, en panículas piramidales terminales. Fruto piriforme, globoso o elipsoidal, amarillo anaranjado. Se cultiva para aprovechar sus frutos o como árbol ornamental en parques y jardines. Se adapta a todo tipo de terreno. Sus frutos son dulces y se comen crudos, o bien en conservas y mermeladas. Se han apropiado el nombre del verdadero níspero, el europeo (*Mespilus germanica*), de sabor bastante áspero, siendo ahora considerados como los nísperos por excelencia. Se suele injertar sobre pies de membrillero, aunque multiplica bien por semilla (Figuras 20.21-20.23).

ramas con flores y
frutos (pomo)

Figura 20.7. Maloideas. *Eriobotrya japonica* (níspero).

Pyrus

Pyrus communis – peral (Figura 20.8)

Árbol de tamaño medio, inerme o espinoso. Hojas elípticas, de margen algo serrado. Flores blancas sobre largos pedicelos, en corimbos umbeliformes. Fruto de forma muy variable, piriforme, globoso, etc., de sabor dulce y agradable. Los perales silvestres (cimarrones) tienen frutos pequeños y ásperos. Cultivado en huertos y regadíos, prefiere los climas fríos en invierno y cálidos en verano. Se comen como fruta fresca o bien se utilizan para preparar mermeladas y compotas (Figura 20.24).

Figura 20.8. Maloideas. *Pyrus communis* (peral).

Malus

Malus domestica (*M. sylvestris*) – manzano (Figura 20.9)

Árbol de tamaño medio, unos 10 m de altura. Corteza agrietada que se desprende en placas. Hojas ovadas y elípticas de margen ligeramente serrado, con peciolo largo. Flores grandes, blancas agrupadas en corimbos umbeliformes. Frutos globosos, achatados por los extremos. Es el frutal más extensamente cultivado de las regiones templadas, abunda en las zonas de montaña del norte peninsular. Se cultivan un gran número de variedades de color, sabor y textura distinta. Los frutos se consumen en fresco, asados, en compota o mermelada, y también se utilizan para elaborar la típica sidra, bebida alcohólica por fermentación total o parcial del mosto de la manzana (Figura 20.25).

Cydonia

Cydonia oblonga – membrillero

Árbol de origen asiático, de unos 6-7 m de altura, con ramas irregulares y tortuosas. Hojas simples enteras, ovadas, con peciolo corto, y tomentosas por el envés. Flores solitarias, blancas o rosadas. Fruto globoso o piriforme, cubierto de una densa pelusilla, que se desprende en copos al frotarlo, de color amarillo, muy oloroso, y de sabor áspero por la cantidad de taninos que contiene, la carne se vuelve negra al contacto con el aire. Se cultiva principalmente por sus frutos para elaborar el dulce o carne de membrillo. También usado como patrón para el injerto de otros frutales de la misma familia (Figuras 20.26-20.28).

rama con flores

flor sin pétalos
sección longitudinal

rama con frutos
(pomo)

Figura 20.9. Maloideas. *Malus domestica* (manzano).

AMIGDALOIDEAS (PRUNOIDEAS)

- Son los frutales de hueso.
- Frutos en drupa monocarpelares.
- Gineceo formado por único carpelo libre (Figura 20.6B).
- Ovario medio (flor perigina).
- Fórmula floral: * K5 C5 A∞ G -1-

Prunus

Prunus avium – cerezo (Figura 20.10)

Árbol que puede medir hasta 20 m de altura. Corteza fina, grisácea que en los ejemplares viejos se resquebraja y ennegrece. Hojas largamente pecioladas, obovado-lanceoladas y largamente elípticas, ensanchadas en la mitad superior, margen aserrado, rugosas, algo tomentosas por el envés, y con dos glandulitas rojizas entre el limbo y el peciolo, lo que las hace fácilmente reconocibles. Flores grandes, blancas, dispuestas en hacecillos con largos pedúnculos. Los frutos son globosos, acorazonados, de color rojo más o menos intenso hasta negras, o bien amarillo crema o rosado. Se cultiva en casi todas las regiones de la Península, pero requiere algo de frío. Las cerezas son algo laxantes y muy digestivas, con ellas se preparan mermeladas y un aguardiente denominado Kirsch, muy apreciado en centroeuropa.

Prunus cerasus – guindo

Generalmente más pequeño y achaparrado que el cerezo. Hojas ovado- lanceoladas, lisas y con peciolo corto. El fruto es redondo y de sabor agridulce. Las guindas están más sabrosas cuando están maduras, al contrario que las cerezas. Es frecuente usarlo como patrón del cerezo y es más fácil de reproducir.

Prunus domestica – ciruelo

Arbolillo de tamaño medio que rebrota bien de raíz. Hojas en hacecillos, elípticas, ovadas, con peciolo corto, y margen finamente festoneado o serrado. Flores de largos pedúnculos, solitarias o en ramilletes, de color blanco o blanco verdoso. El fruto según la variedad puede ser globoso o alargado, de color también variado, púrpura oscuro, rojizo, verde, amarillo, y cubierto por una capa cérea blanco azulado que se desprende al frotar. Cultivada en casi toda la Península e Isla Baleares. Las ciruelas, además de comerse como fruta fresca, se emplean para preparar mermeladas, jaleas, y desecadas constituyen las ciruelas pasas. De todos es conocida su acción laxante cuando se consumen en grandes cantidades (Figura 20.29).

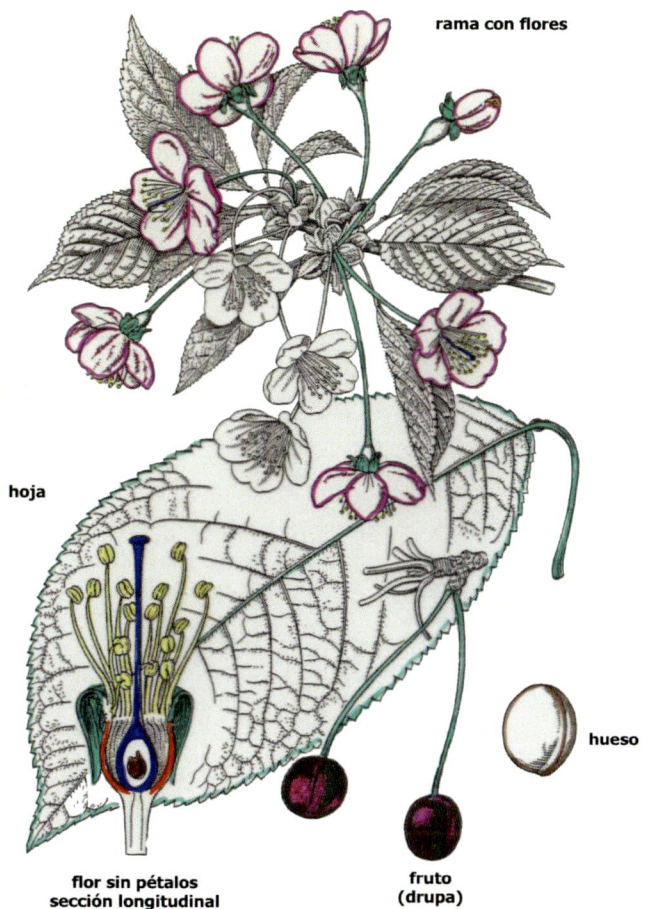

rama con flores

hoja

hueso

**flor sin pétalos
sección longitudinal**

**fruto
(drupa)**

Figura 20.10. Prunoideas. *Prunus avium* (cerezo).

Prunus persica – melocotonero

Árbol que no supera los 6-8 m de altura. Hojas largamente lanceoladas, margen finamente aserrado y peciolo corto. Flores solitarias o en parejas, sobre ramas del año anterior, casi sentadas, de color rosa intenso. El fruto, el melocotón, es una drupa globosa, o muy deprimida (paraguayas), con la piel aterciopelada, más raramente lampiña (nectarinas), y con un hueso irregular y profundamente asurcado. Se cultiva principalmente en climas templados. En la Península, sobre todo en Cataluña, Aragón, Comunidad Valenciana y Murcia. El melocotonero es un árbol de vida corta, 10-15 años, que se injerta, a menudo, sobre almendros u otros frutales (Figura 20.30).

Prunus armeniaca – albaricoquero

Árbol de escasa altura, unos 3-6 m de altura, con ramas casi horizontales. Hojas ovadas o redondeadas, margen finamente serrado o festoneado, base acorazonada y ápice estrecho. Flores blancas o de un rosa pálido, solitarias o en hacecillos, sobre cortos pedúnculos, que nacen antes que las hojas. El fruto es globoso, amarillento o anaranjado, velloso, recorrido por un surco longitudinal, tiene un hueso ovoide-comprimido. Se cultiva principalmente en zonas de clima templado, prefiere los suelos frescos, profundos y calizos. En la Península lo podemos encontrar en la Comunidad Valenciana, Murcia, Islas Baleares, Aragón y Andalucía. Los albaricoques son una excelente fuente de vitamina C y un buen protector de la mucosa intestinal por su contenido en pectinas. Deshuesados y secos son los orejones.

Prunus dulcis (=*P. amygdalus*) – almendro (Figura 20.11)

Árbol de tamaño mediano que puede alcanzar los 10 m de altura. Tronco tortuoso, corteza rugosa y agrietada. Hojas simples, largamente lanceoladas, margen finamente festoneado y peciolo bien desarrollado. Flores blancas o rosa pálido, solitarias o en parejas, con pedúnculos cortos, sobre ramas del año anterior, que aparecen mucho antes de que broten las hojas. El fruto es una drupa ovada y comprimida, con el mesocarpo coriáceo. Se cultiva en zonas de clima cálido y seco, y es poco exigente con el tipo de terreno y necesita pocos cuidados, además es frecuente verlo asilvestrado en ribazos y setos. La madera, muy dura, se utiliza para chapas y combustible. La importancia del almendro reside en las semillas, la almendra, que se emplea en gran cantidad en repostería, para la fabricación del turrón, mazapán, peladillas, y como condimento se consumen crudas, tostadas o fritas. También se puede obtener aceite, aceite de almendra, empleado como laxante, emoliente, cicatrizante y antiinflamatorio, así como leche de almendra. Las almendras amargas contienen el heterósido amigdalina, responsable del sabor amargo, que se descompone por acción enzimática liberando ácido cianhídrico, veneno muy potente, y al que deben su olor característico las almendras amargas; una veintena de estas almendras pueden producir la muerte de un adulto (Figuras 20.31-20.33).

Figura 20.11. Prunoideas. *Prunus dulcis* (almendro).

Figura 20.12. Espiroideas. *Spiraea japonica* (espirea de Japón).

Figura 20.13. Rosoideas.
Rosa sp. (rosa). Flor.

Figura 20.14. Rosoideas. *Rosa* sp.
(rosa). Fruto (cinorrodón).

Figura 20.15. Rosoideas *Fragaria*
x *ananassa* (fresón).

Figura 20.16. Rosoideas. *Fragaria* x
ananassa (fresón). Flor y fruto (eterio).

Figura 20.17. Rosoideas *Fragaria* x *ananassa* (fresón).

Figura 20.18. Rosoideas. *Rubus ulmifolius* (zarzamora). Inflorescencia.

Figura 20.19. Rosoideas. *Rubus ulmifolius* (zarzamora). Fruto (polidrupa).

Figura 20.20. Rosoideas. *Rubus idaeus* (frambueso). Fruto (polidrupa).

Figura 20.21. Maloideas. *Eriobotrya japonica* (níspero).

Figura 20.22. Maloideas. *Eriobotrya japonica* (níspero). Inflorescencia.

Figura 20.23. Maloideas. *Eriobotrya japonica* (níspero). Fruto (pomo).

Figura 20.24. Maloideas. *Pyrus communis* (peral). Fruto (pomo).

Figura 20.25. Maloideas. *Malus domestica* (manzano). Fruto (pomo).

Figura 20.26. Maloideas. *Cydonia oblonga* (membrillero). Flor.

Figura 20.27. Maloideas. Cydonia oblonga (membrillero). Fruto (pomo) en desarrollo.

Figura 20.28. Maloideas. Cydonia oblonga (membrillero). Fruto (pomo).

Figura 20.29. Amigdaloideas. *Prunus domestica* (ciruelo). Fruto (drupa).

Figura 20.30. Amigdaloideas. *Prunus persica* (melocotonero). Fruto (drupa).

Figura 20.31. Amigdaloideas. *Prunus dulcis* (almendro). Flor.

Figura 20.32. Amigdaloideas. *Prunus dulcis* (almendro).

Figura 20.33. Amigdaloideas. *Prunus dulcis* (almendro). Fruto (drupa).

CAPÍTULO 21

Familia FAGÁCEAS

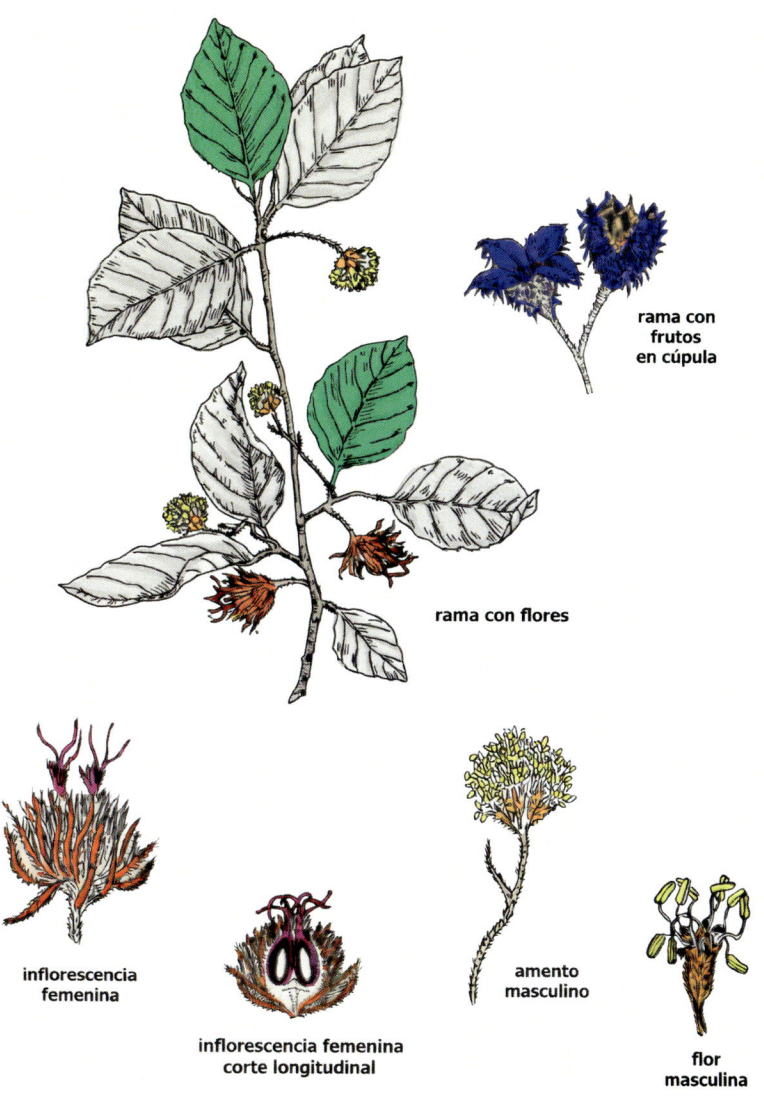

rama con frutos en cúpula

rama con flores

inflorescencia femenina

inflorescencia femenina corte longitudinal

amento masculino

flor masculina

Figura 21.1. Fagáceas. *Fagus sylvatica* (haya).

FAMILIA FAGÁCEAS

(Familia de las hayas, robles, encinas y castaños)

ORDEN FAGALES

Distribución geográfica

Familia importante con unas 700 especies, repartidas por las regiones templadas, templado-frías y tropicales del hemisferio norte. Es la más importante desde el punto de vista forestal.

Caracteres diagnósticos

- Árboles de maderas duras y algunos arbustos.
- Especies dominantes de los bosques caducifolios en todas las regiones templadas.
- Caducifolios o siempreverdes.
- Hojas alternas, simples, borde entero, dentado o sinuado-hendido.
- Flores unisexuales, en disposición monoica. Inflorescencias en amentos, de cimas unifloras, bifloras o trifloras. Amentos de flores de un solo sexo (*Quercus*) o con flores femeninas en la base de inflorescencia masculina (*Castanea*).
  - Flores masculinas: periantio sencillo de 6 piezas. Estambres mismo n° de piezas del periantio, o doble (*Castanea*).
  - Flores femeninas: en grupos de 1 a 3, involucro basal, ovario ínfero.
  - *P 3+3 G (3).
  - Frutos en núcula o aquenio, de 1 a 3, rodeados por una cúpula (antes Cupulíferas). Escasa capacidad de dispersión y su poder germinativo disminuye rápidamente con el tiempo.

Géneros más importantes y usos

Fagus

- Árboles de corteza lisa, hojas caducas, dentadas o enteras.
  - Flores masculinas: amentos péndulos, 8-16 estambres.
  - Flores femeninas: en n° de 2, envueltas por una cúpula espinosa, 2 hayucos (frutos comestibles).

Fagus sylvatica – haya (Figura 21.1)

Árbol de unos 30-40 m de altura que requiere humedad y frescura. Se localiza en el norte de España entre 700-2000 m. Los amentos nacen junto con las hojas, los masculinos en gran número y péndulos, los femeninos poco visibles. Los frutos, hayucos, ricos en aceite, se hallan en número de dos dentro de la cúpula, que se abre en cuatro valvas en la madurez. Sus tonalidades de bronce en otoño y su follaje verde claro en primavera hacen de él uno de los árboles más bellos que hay en Europa. Es especie sub-calcícola. Su madera es de color rosa salmón (Figuras 21.8 y 21.9).

Quercus

- Es el género más amplio.
  - Flores masculinas: amentos con 6 estambres.
  - Flores femeninas: solitarias.
- Los dicasios masculinos y femeninos son unifloros, y las bellotas se hallan solitarias en su respectiva cúpula acopada y escamosa.

Quercus robur – roble, carballo (Figura 21.2)

Figura 21.2. Fagáceas. *Quercus robur* (roble).

Árbol caducifolio de unos 45 m de altura. Tronco ramificado a escasa altura, corteza gris claro-pardusco y ramas retorcidas. Las hojas de 10-12 cm de longitud y 8 cm ancho, ápice redondeado y base con dos expansiones en forma de pequeñas orejas, con 5–7 pares de lóbulos que llegan casi hasta la mitad de la hoja y no exactamente opuestos, por lo que en su conjunto presenta un aspecto ligeramente irregular. Haz verde oscuro, envés más claro. Bellotas ovaladas-alargadas, en grupos de 2-3 sobre largos pedúnculos (Figura 21.10).

Quercus petraea – roble albar

Árbol caducifolio de 40 m de altura. Copa alta, abombada y ancha. Tronco y ramas rectas y ascendentes. Corteza lisa en los ejemplares jóvenes, sur- cada por finas hendiduras en los adultos. Hojas de 8-12 cm de longitud y 5 cm de anchura, de ápice redondeado y base estrecha, bastante regulares y prácticamente simétricas en sus dos mitades, divididas en 5-9 lóbulos redondeados, no muy profundos. Bellotas en grupos de 2-6, sentadas sobre cortos pedúnculos.

Quercus faginea (= *Q. valentina*, *Q. lusitanica* subsp. *valentina*) – quejigo (Figura 21.3)

Árbol semiperennifolio, propio de la Península Ibérica que alcanza los 20 m de altura. Hojas de envés tomentoso. Cúpula con escamas hinchadas y aterciopeladas (Figuras 21.11 y 21.12).

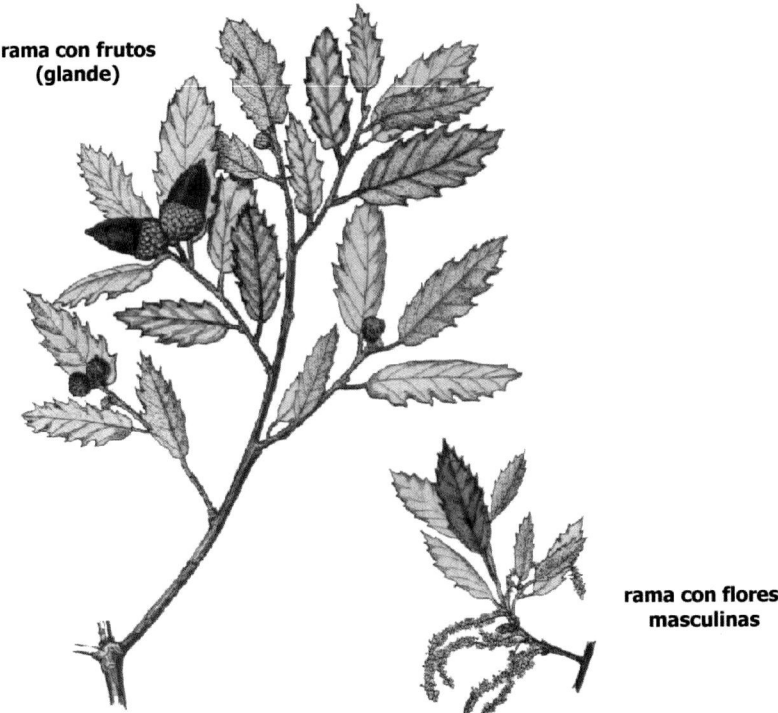

Figura 21.3. Fagáceas. *Quercus faginea* (quejigo).

Quercus suber – alcornoque (Figura 21.4)

Árbol de 20 m de altura, perennifolio, de copa relativamente baja, amplia y extendida, y de tronco bastante corto y sinuoso. Ramas cortas y gruesas, arqueadas y vueltas hacia arriba. La corteza de las ramas jóvenes con una fina capa de corcho surcada, en los ejemplares viejos la corteza de corcho es gruesa, agrietada, blanco-grisácea. Hojas de 4-7 cm de longitud y 3 cm de ancho, ovaladas o alargadas, muy ásperas y coriáceas. La corteza se arranca para el aprovechamiento del corcho cada 9-10 años. Es un árbol típicamente mediterráneo, que florece poco después de hacerlo la encina. Es especie calcífuga (silicícola) (Figuras 21.13 y 21.14).

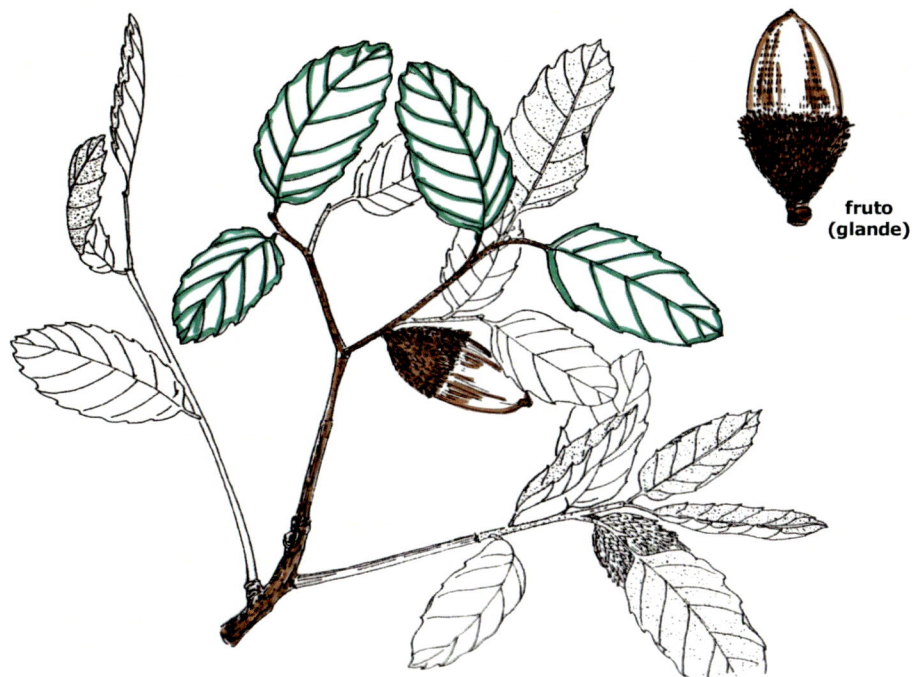

fruto (glande)

Figura 21.4. Fagáceas. *Quercus suber* (alcornoque).

Quercus ilex – encina (Figura 21.5)

Quercus ilex subsp. *ilex* – encina de bellotas amargas

Quercus ilex subsp. *ballota* (=*Q. ilex* subsp. *rotundifolia*, *Q. rotundifolia*) – encina de bellotas dulces

Árbol perennifolio, de unos 20-25 m de altura. Copa muy ancha y extendida. Tronco corto, pues se ramifica a muy poca distancia del suelo. Corteza gris negruzca. Hojas de 4-10 cm de longitud y unos 6 cm de anchura, polimorfas, enteras o dentadas, de color verde oscuro brillante por el haz y con borra gris por el envés. Bellotas de 1-3, 2-3 cm de longitud, envueltas hasta la mitad por una cúpula puntiaguda. Se emplean como alimento del ganado, y las dulces también como sucedáneo del café (tostadas) o astringente antidiarreico. Su madera es dura y compacta. La encina está ampliamente distribuida en la región mediterránea donde ha perdido la forma boscosa y se la encuentra formando maquias, si no es molestada, puede formar densos bosques umbríos. Además, es un indicador típico del clima mediterráneo, con veranos secos y calurosos y, lluvias en otoño y primavera (Figuras 21.15 y 21.16).

Figura 21.5. Fagáceas. *Quercus ilex* subsp. *ballota* (encina).

Quercus coccifera – coscoja (Figura 21.6)

Arbusto perennifolio. Hojas duras, rígidas, lampiñas por ambas caras, de color verde, muy dentadas, con espinas punzantes en el margen y casi glabras por el envés cuando son adultas. Especie mediterránea que forma parte de los matorrales llamados garrigas (Figuras 21.17-21.19).

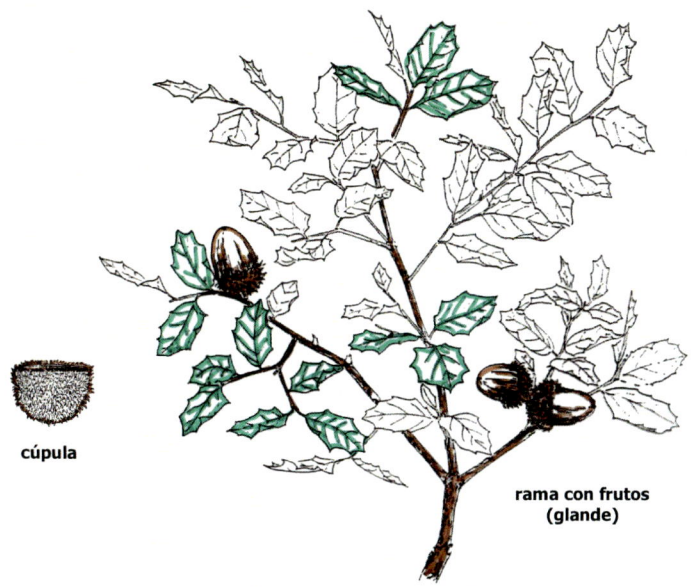

Figura 21.6. Fagáceas. *Quercus coccifera* (coscoja).

Castanea

- Inflorescencias rígidas, con 12 estambres.
- Cúpula con 2 ó 3 núculas comestibles.

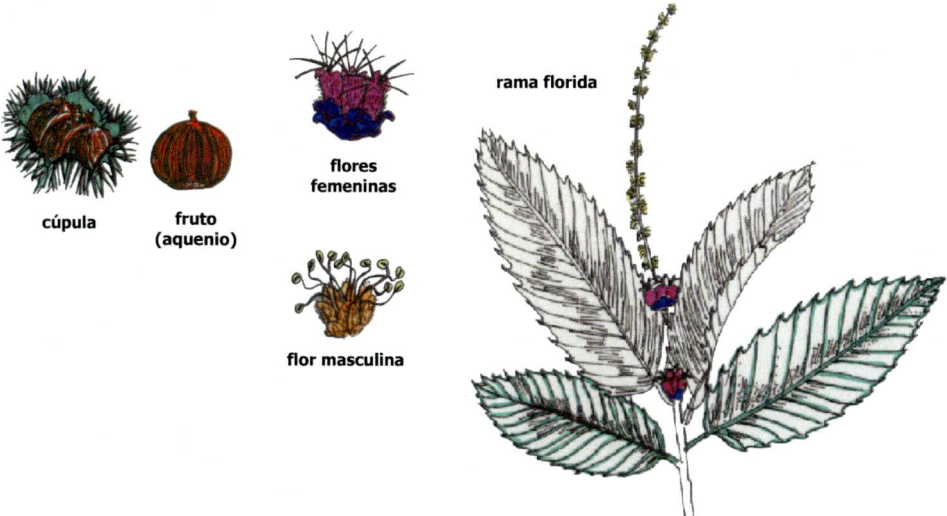

Figura 21.7. Fagáceas. *Castanea sativa* (castaño).

Castanea sativa – castaño (Figura 21.7)

Árbol caducifolio de hasta 30 m de altura. Copa abombada y alta en los ejemplares adultos. Tronco grueso y ramificado a poca distancia del suelo, con ramas gruesas y relativamente cortas, dispuestas en verticilos. Corteza oscura y deformada, con entramados de molduras y hendiduras. Hojas de 10-30 cm de longitud oblongo-lanceoladas, con dientes puntiagudos dirigidos hacia delante. Amentos masculinos con numerosas flores amarillas en la base de las flores femeninas. Fruto envuelto por un involucro muy espinoso, conteniendo las nueces, que se abre en cuatro valvas. (Figuras 21.20 y 21.22).

Figura 21.8. *Fagus sylvatica* (haya).

Figura 21.9. *Fagus sylvatica* (haya). Fruto inmaduro (cúpula).

Figura 21.10. *Quercus robur*
(roble). Fruto (glande).

Figura 21.11. *Quercus faginea*
(quejigo). Detalle de las hojas.

Figura 21.12. *Quercus faginea* (quejigo).

Figura 21.13. *Quercus suber* (alcornoque).

Figura 21.14. *Quercus suber* (alcornoque). Detalle del corcho.

Figura 21.15. *Quercus ilex* subsp. *ballota* (encina). Inflorescencia en amento.

Figura 21.16. *Quercus ilex* subsp. *ballota* (encina). Fruto (glande).

Figura 21.17. *Quercus coccifera* (coscoja).

Figura 21.18. *Quercus coccifera*
(coscoja). Inflorescencia en amento.

Figura 21.19. *Quercus coccifera*
(coscoja). Fruto (glande).

Figura 21.20. *Castanea sativa* (castaño). Fruto inmaduro.

Figura 21.21. *Castanea sativa* (castaño). Fruto maduro.

Figura 21.22. *Castanea sativa* (castaño). Fruto germinando.

CAPÍTULO 22

Familia CURCURBITÁCEAS

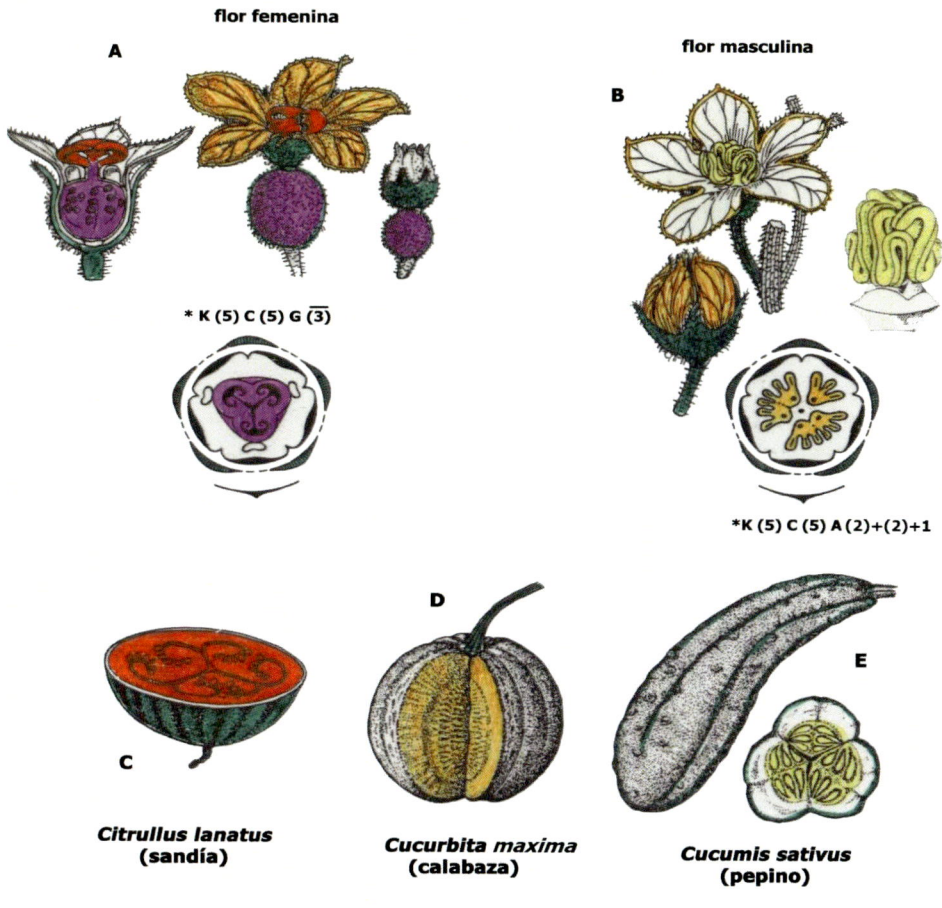

flor femenina

A

* K (5) C (5) G $\overline{(3)}$

flor masculina

B

*K (5) C (5) A (2)+(2)+1

D

C

**Citrullus lanatus
(sandía)**

**Cucurbita maxima
(calabaza)**

E

**Cucumis sativus
(pepino)**

FRUTOS EN PEPÓNIDE

Figura 22.1. Cucurbitáceas. (A) Flor femenina. (B) Flor masculina.
(C, D, E) Frutos en pepónide: (C) *Citrullus lanatus* (sandía), (D) *Cucurbita
maxima* (calabaza) y (E) *Cucumis sativus* (pepino).

FAMILIA CUCURBITÁCEAS

(Familia de la calabaza y del melón)

ORDEN CUCURBITALES

Distribución geográfica

Familia integrada por unas 700 especies que se distribuyen principalmente por las regiones tropicales y subtropicales de todo el mundo.

Caracteres diagnósticos

- La mayoría son hierbas anuales.
- Plantas trepadoras por zarcillos. Muchas de sus especies son plantas alimenticias importantes.
- Las especies típicamente trepadoras poseen zarcillos helicoidales.
- Hojas alternas, simples, palmeado-lobuladas o palmeado-divididas, con tres o más lóbulos.
- Presencia de haces bicolaterales en el tallo (floema interno y externo).
- Flores unisexuales, monoicas o dioicas, pétalos amarillentos (Figuras 22.1A y 22.1B).
  - 5 sépalos, 5 pétalos que nacen del hipanto.
  - Pétalos más o menos soldados en la base.
  - 5 estambres (dando el aspecto de 3 en muchas ocasiones) con las anteras y filamentos soldados en mayor o menor grado.
  - Ovario ínfero tricarpelar.
  - Fórmula floral femenina: $* K(5) C(5) G(\bar{3})$.
  - Fórmula floral masculina: $* K(5) C(5) A(3)$ o $K(5) C(5) A(2)+(2)+1$.
- Fruto en baya (pepónide) (Figuras 22.1C, 1D y E).
- Semillas anchas y planas.

Géneros más importantes y usos

Tanto en las regiones tropicales y subtropicales como en las templadas se cultivan diferentes especies de calabaza (*Cucurbita*), melón (*Cucumis*) y sandía (*Citrullus*) como frutos alimenticios. Casi todas las especies de la familia contienen unas sustancias amargas llamadas cucurbitacinas. Muchas de las comestibles presentan variedades amargas (no comestibles) y dulces (comestibles). Las Cucurbitáceas tienen menos importancia como ornamentales.

Entre las autóctonas españolas está el pepinillo del diablo (*Ecballium elaterium*) con una forma muy peculiar de liberar las semillas (Figuras 22.2-22.4).

Cucurbita

Fruto grande y comprimido en sentido del eje de la inflorescencia, por lo que resultan frutos achatados.

Cucurbita maxima – calabaza común (Figuras 22.1D y 22.5-22.7)

Las semillas se usan como tenífugas.

Cucurbita moschata – calabaza "cacahuet"

Cucurbita pepo – calabacín (verdura) (Figuras 22.8 y 22.9)

Cucurbita ficifolia – calabaza "cabello de ángel"

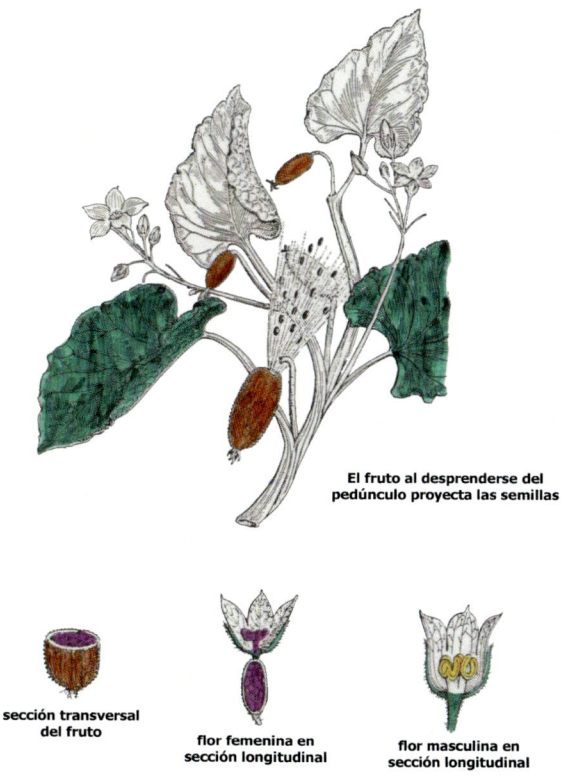

El fruto al desprenderse del
pedúnculo proyecta las semillas

sección transversal
del fruto

flor femenina en
sección longitudinal

flor masculina en
sección longitudinal

Figura 22.2. *Ecballium elaterium* (pepinillo del diablo).

Cucumis

Cucumis sativus – pepino (verdura) (Figura 22.1E)

Originario de la India y difiere mucho de sus congéneres africanos. El fruto varía en cuanto a forma y tamaño. Algunas variedades cultivadas desarrollan frutos partenocárpicos (Figura 22.10).

Cucumis melo – melón (fruto)

Originario de África tropical y de Asia. Polimórfico, es decir, tiene muchas formas, dando lugar a un gran número de variedades cultivadas. También varía el color, grosor y aspereza de la corteza, así como el color de la carne (Figura 22.11).

Citrullus

Citrullus lanatus (= *C. vulgaris*) – sandía o melón de agua (fruto) (Figura 22.1C)

Nativa del África tropical y probablemente con un segundo centro de diversificación en la India. Fruto elipsoidal, con carne roja, dulce y jugosa (95% es agua). Su cultivo está ampliamente extendido en las regiones templadas cálidas, y actualmente gracias a las variedades sin semillas su consumo ha aumentado considerablemente (Figuras 22.12 y 22.13).

Luffa

Luffa aegyptiaca – esponja vegetal

La fruta al madurar se vuelve muy fibrosa, por ello se usa como esponja de baño exfoliante (Figuras 22.14 y 22.15).

Figura 22.3. *Ecballium elaterium* (pepinillo del diablo). Fruto.

Figura 22.4. *Ecballium elaterium* (pepinillo del diablo). Flor.

Figura 22.5. *Cucurbita maxima* (calabaza). Fruto en desarrollo.

Figura 22.6. *Cucurbita maxima* (calabaza). Fruto en baya (pepónide).

Figura 22.7. *Cucurbita maxima* (calabaza). Morfología diferentes frutos.

Figura 22.8. *Cucurbita pepo*
(calabacín). Flor.

Figura 22.9. *Cucurbita pepo*
(calabacín). Fruto baya (pepónide).

Figura 22.10. *Cucumis sativus*
(pepino). Fruto baya (pepónide).

Figura 22.11. *Cucumis melo* (melón).
Fruto baya (pepónide).

Figura 22.12. *Citrullus lanatus* (sandía). Flor.

Figura 22.13. *Citrullus lanatus* (sandía). Fruto (pepónide).

Figura 22.14. *Luffa* sp. (esponja vegetal). Flor y fruto en desarrollo.

Figura 22.15. *Luffa* sp. (esponja vegetal). Fruto en baya (pepónide).

CAPÍTULO 23

Familia SALICÁCEAS

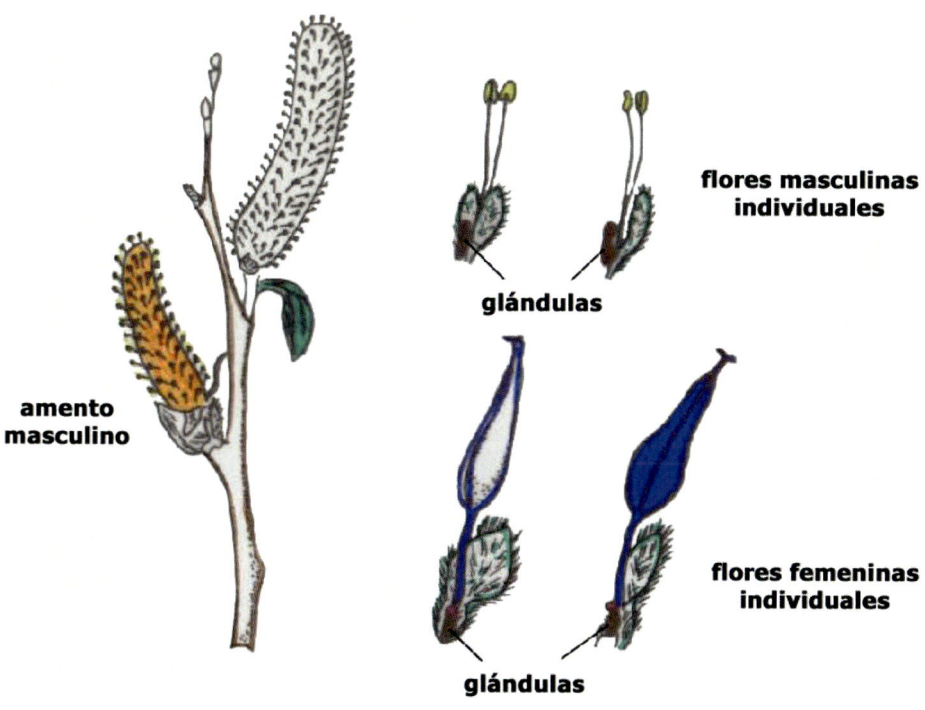

**flores masculinas
individuales**

glándulas

**amento
masculino**

**flores femeninas
individuales**

glándulas

Figura 23.1. Salicáceas. *Salix sp.* (sauce).

Familia SALICÁCEAS
(Familia del álamo, sauce y chopo)

ORDEN MALPIGIALES

Distribución geográfica

Familia de unas 390 especies que se distribuyen por casi todo el mundo; están bien representadas en las regiones templadas y frías del hemisferio norte. Prefieren los suelos húmedos, y a menudo forman parte de la vegetación típica de ribera.

Caracteres diagnósticos

- Árboles y arbustos.
- Hojas simples, alternas, con estípulas generalmente caedizas.
- Flores unisexuales dioicas, dispuestas en amentos, que aparecen al principio de la primavera antes de las hojas o al memo tiempo (Figura 23.1).
  - Sin sépalos ni pétalos, en las axilas de pequeñas brácteas.
  - Masculinas: 2 a 30 estambres libres o soldados entre sí.
  - Femeninas: ovario súpero de dos carpelos, con una cavidad y numerosos óvulos anátropos sobre placentas basales o parietales; estilo corto o largo, a menudo dividido.
- Frutos: pequeñas cápsulas de numerosas semillas, con un mechón de pelo que ayuda a su dispersión por el viento.
- En chopos y sauces son frecuentes los híbridos: difícil identificación.

Géneros más importantes y usos

La madera de los sauces y los chopos no es de gran calidad, pero se cultivan mucho por el rápido crecimiento, lo que representa una gran ventaja para ser utilizado en muchas aplicaciones. En algunos países constituyen importantes recursos naturales y en otros se plantan de manera extensiva, como en los países mediterráneos. La madera se emplea principalmente para pasta de papel, fósforos y embalajes. Las ramas flexibles de algunos sauces sirven para hacer cestos, y la corteza contiene sustancias tánicas y heterósidos, como la salicina, empleados en medicina y para el curtido del cuero. También está muy extendido su empleo como plantas ornamentales y árboles de sombra.

Salix

Plantas leñosas, árboles o arbustos, de dispersión boreal, acantonados en las regiones mediterráneas. En España son frecuentes en las riberas de los ríos y terrenos más o menos pantanosos del litoral. La corteza de los sauces se ha utilizado como antitérmica y antirreumática, por el ácido salicílico que contiene. Hojas simples, alternas y pecioladas, con el haz y el envés de distinto color. Flores en amentos erectos. Todos los sauces se hibridan con facilidad.

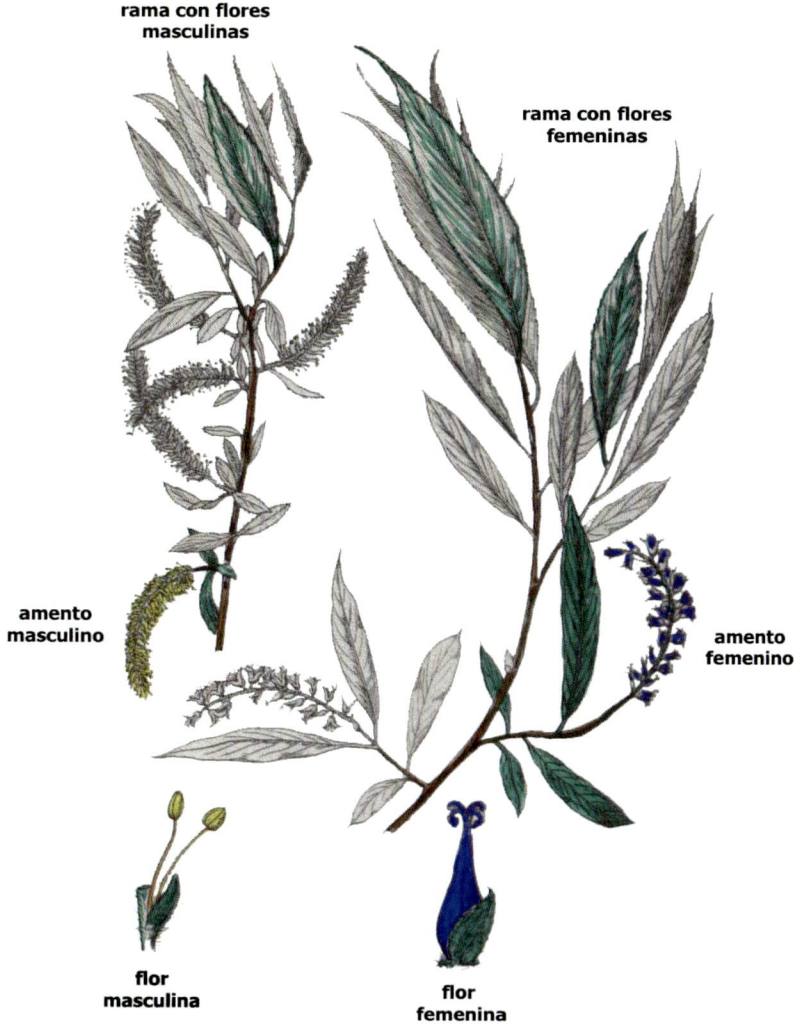

Figura 23.2. Salicáceas. *Salix fragilis* (mimbrera).

Salix alba – sauce blanco

Se puede encontrar por toda España, principalmente en zonas con un nivel freático elevado. Árbol de tamaño medio. Hojas oblongo-lanceoladas y blanco sedosas por el envés. Su corteza, muy amarga por la presencia de salicina, fue muy reputada antiguamente, pero ha sido desplazada por su pariente sintético, la aspirina, para cuya síntesis sirvió de modelo.

Salix viminalis – mimbreras (mimbre)

Arbusto o arbolito de unos 10 m de altura. No es autóctona de la Península Ibérica, aunque aparece cultivada o asilvestrada en terrenos húmedos más o menos alterados. Es la especie productora de mimbre por excelencia, la de uso más tradicional, pero en muchas de las zonas productoras, como la Serranía de Cuenca, ha sido remplazada por *S. fragilis* o algunos de sus híbridos.

Salix fragilis – mimbreras (mimbre) (Figura 23.2)

Arbusto elevado. Hojas largamente lanceoladas, estrechadas en punta oblicua, aserrado-glandulosas, las adultas lampiñas por completo, de color verde intenso y lustrosas. Las ramas se resquebrajan con facilidad por la base, de ahí su nombre.

Salix babylonica – sauce llorón (ornamental, mimbre)

Requiere mucha humedad. Ramas delgadas, muy largas y flexibles. Cultivado como ornamental en parques y jardines (Figuras 23.4 y 23.5).

Populus

Árboles caducifolios de porte alto, alcanzan los 20–25 m de altura. Son de crecimiento rápido, característicos de las riberas de los arroyos y ríos o lugares en general que tengan agua. Hojas palminervias, con largos peciolos. Flores en amentos colgantes.

Populus alba – chopo, álamo blanco o álamo (Figura 23.3A)

Prefiere los suelos frescos y húmedos, formando parte de los sotos o bosques de ribera, y asociado a fresnos, sauces y olmos. Hojas lobuladas de envés blanco (Figuras 23.6-22.8).

Populus tremula – chopo temblón o álamo temblón (Figura 23.3C)

Hojas casi redondas, irregularmente onduladas, de color verde por ambas caras. Tiene los peciolos aplanados en un plano perpendicular al limbo de la hoja, por lo que se mueven con cualquier brisa, y de ahí su nombre temblón.

Populus nigra – chopo negro (Figura 23.3B)

Es más resistente a la sequía que el anterior, y por ello se emplea más en paseos y caminos. Hojas de forma romboidal, finamente dentadas y terminadas en punta, de color verde por ambas caras (Figuras 23.9 y 23.10).

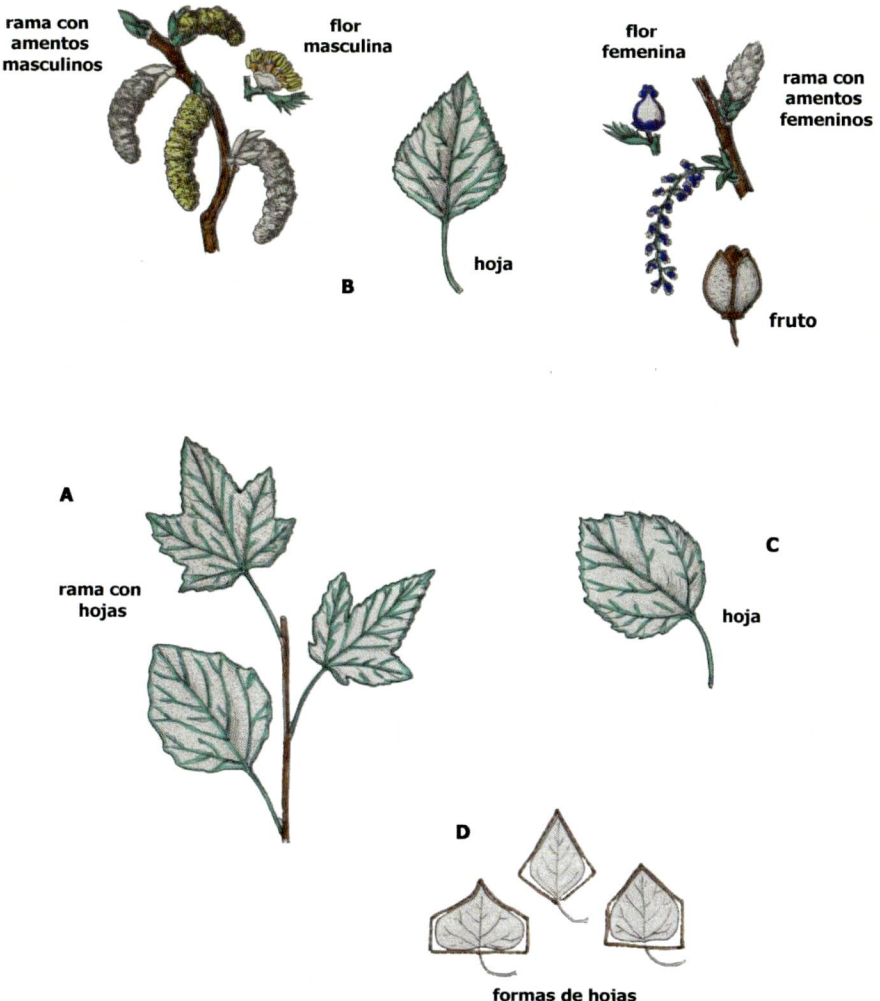

Figura 23.3. Salicáceas. (A) *Populus alba* (álamo). (B) *Populus nigra* (chopo).
(C) *Populus tremula* (chopo temblón). (D) *Populus canadensis*.

Populus deltoides – chopo americano (maderero)

Árbol americano progenitor de muchos híbridos cultivados ahora extensamente por toda Europa como árboles madereros. Se distingue por sus hojas triangulares ovales. Ramitas muy angulosas. Su crecimiento es muy rápido.

Populus bolleana – (jardinería)

Porte fusiforme y con ramificaciones desde la base. Muy utilizado como ornamental.

Figura 23.4. *Salix babylonica* (sauce llorón). Inflorescencia (amento).

Figura 23.5. *Salix babylonica* (sauce llorón).

Figura 23.6. *Populus alba* (álamo).

Figura 23.7. *Populus alba* (álamo).

Figura 23.8. *Populus alba* (álamo). Inflorescencia (amento).

Figura 23.9. *Populus nigra* (chopo).

Figura 23.10. *Populus nigra* (chopo).

CAPÍTULO 24

Familia LITRÁCEAS

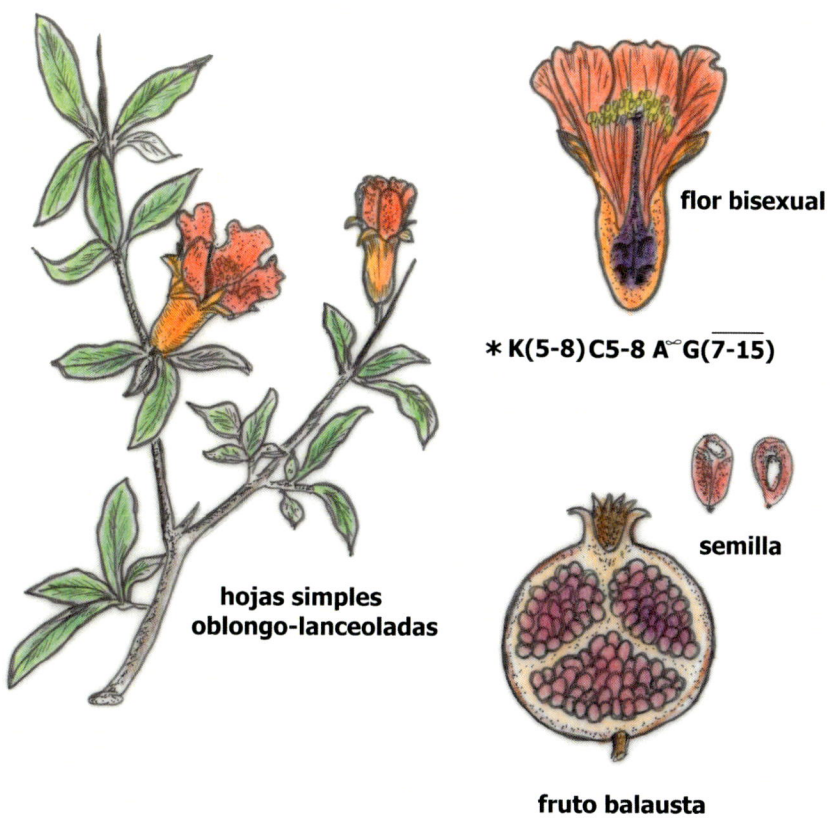

flor bisexual

$* K(5\text{-}8) C5\text{-}8 A^{\infty} \overline{G(7\text{-}15)}$

semilla

hojas simples oblongo-lanceoladas

fruto balausta

Figura 24.1. Litráceas. *Punica granatum* (granado).

FAMILIA LITRÁCEAS

(Familia del granado)

ORDEN MYRTALES

El granado se incluye actualmente en la familia Litráceas (APG III), si bien anteriormente era considerado una familia a parte, las Punicáceas. La descripción de la familia se hará únicamente basándonos en el granado.

Distribución geográfica

Comprende un género (*Punica*) y 2 especies aceptadas, distribuidas principalmente por el suroeste de Asia, este de África y la región mediterránea.

Caracteres diagnósticos

- Árboles y arbustos caducifolios, más o menos espinosos.
- Hojas simples opuestas, enteras, entre lanceoladas y oblongas.
- Flores hermafroditas, actinomorfas, simples o en grupos de 2-5, y con hipanto coriáceo.
  - Cáliz de 5-8 sépalos soldados, coriáceos y persistentes de color rojizo.
  - Corola de 5-8 pétalos de color rojo vivo.
  - Estambres numerosos.
  - Ovario ínfero de 7-15 carpelos soldados y dispuestos en 1, 2, 3 verticilos.
  - Fórmula floral: $* \text{ K (5-8) C5-8 A} \infty \text{ G } \overline{(7\text{-}15)}$
- Fruto de tipo baya denominado balausta, de paredes coriáceas muy ricas en taninos, formado por el receptáculo y las paredes ováricas, y rematado por los dientes del cáliz. Los carpelos son desplazados de su posición vertical a la horizontal por el crecimiento periférico de los mismos, formándose numerosas cavidades que encierran gran cantidad de semillas prismáticas, con endosperma acorchado y episperma carnoso, que es la parte comestible. La dispersión de las semillas es por animales, los cuales son atraídos por el color rojo de las mismas. Es un caso notable de dispersión endozoocoria.

Géneros más importantes y usos

La especie más importante, desde el punto de vista agronómico, es el granado por el interés de sus frutos (Figura 24.1).

Punica

Punica granatun – granado (frutal)

El granado es originario de la antigua Persia (Irán), naturalizándose en la región mediterránea. Se cultiva desde antiguo como árbol frutal. Los egipcios ya lo cultivaban, pero fueron los fenicios y después los romanos quienes contribuyeron a su difusión. Los árabes fueron quienes introdujeron su cultivo en La Península Ibérica. La ciudad de Granada debe precisamente su nombre a esta fruta y es el símbolo también del escudo de España (Figuras 24.2-24.5).

Los principales países productores de granadas son India y China, seguidos de Irán, Turquía, Estados Unidos, Iraq, Pakistán, Siria y España.

España es el principal productor de Europa y su cultivo se concentra principalmente en Elche (Alicante) y las poblaciones cercanas de Albatera, San Isidro y Crevillente. La variedad mollar de Elche cuenta con la Denominación de Origen Protegida y ampara a cuarenta municipios de las comarcas alicantinas de L'Alacantí, El Baix Vinalopó i El Baix Segura.

El granado, además de árbol frutal, se utiliza también en jardinería para formar setos y como ornamental.

El zumo de sus semillas se emplea para la elaboración de una bebida refrescante, la granadina.

La raíz contiene alcaloides (peletierina), con propiedades tenífugas, y taninos, los cuales también están presentes en la corteza del fruto que se usan para el curtido de pieles y fabricar tintes.

Figura 24.2. *Punica granatum* (granado).

Figura 24.3. *Punica granatum* (granado). Flor.

Figura 24.4. *Punica granatum* (granado). Cáliz y estambres persistentes en el fruto.

Figura 24.5. *Punica granatum* (granado). Fruto en baya (balausta).

CAPÍTULO 25

Familia RUTÁCEAS

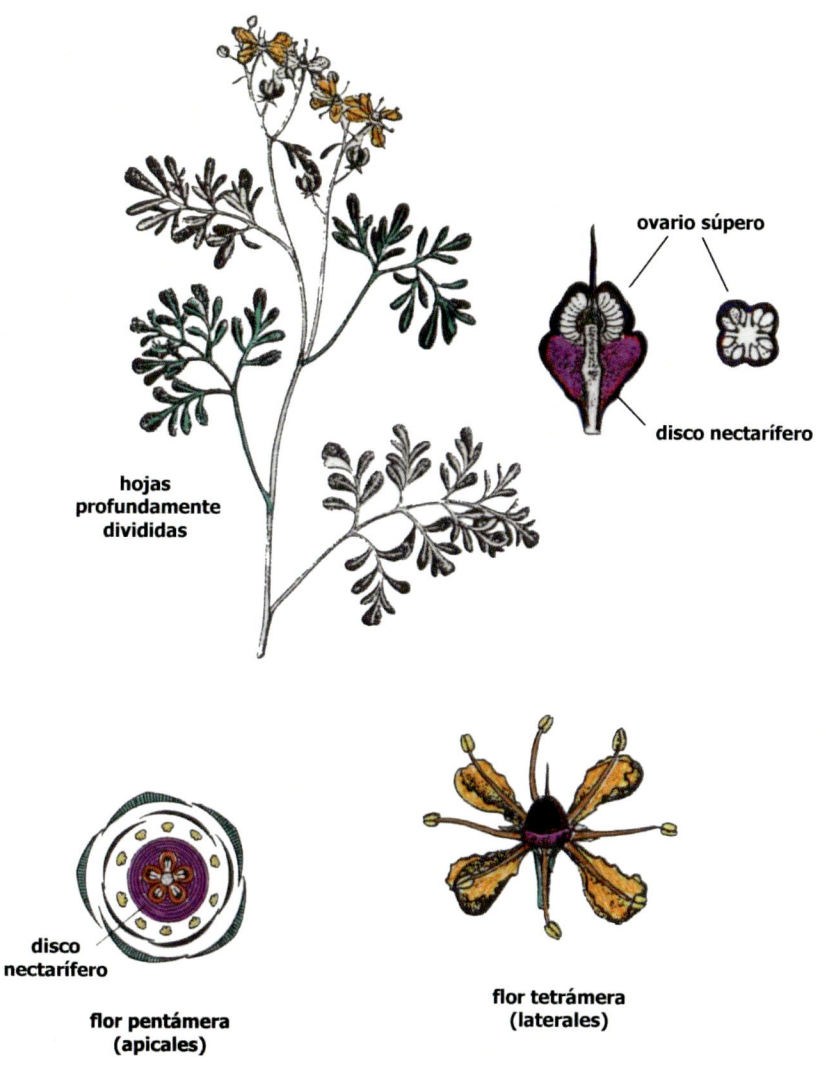

ovario súpero

disco nectarífero

hojas profundamente divididas

disco nectarífero

flor pentámera (apicales)

flor tetrámera (laterales)

Figura 25.1. Rutáceas. *Ruta graveolens* (ruda).

FAMILIA RUTÁCEAS

(Familia de los cítricos)

ORDEN SAPINDALES

Distribución geográfica

Familia de distribución amplia, mayoritariamente representada en las regiones templadas y tropicales del hemisferio sur, especialmente en Australia y África, si bien los cítricos son en su mayoría de origen asiático. Incluye unas 1800 especies.

Caracteres diagnósticos

- Familia de árboles, arbustos y, en algún caso hierbas, de gran importancia económica.
- El nombre procede de la Ruda (*Ruta graveolens*) planta medicinal.
- Son característicos de la familia los espacios lisígenos en hojas y frutos, con aceite esencial muy oloroso.
- Hojas frecuentemente pecioladas simples, trifoliadas o imparipinnadas, alternas, sin estípulas. Olor fuerte (género *Ruta*).
- Inflorescencia en corimbos o panículas (género *Ruta*).
- Flor hermafrodita:
  - Cáliz persistente de 4 ó 5 lóbulos.
  - 4-5 pétalos solapados.
  - Grueso disco basal nectarífero con 8–10 glándulas.
  - 8 – 10 estambres.
  - Ovario súpero, lobulado, de 4-5 carpelos soldados, mayor número de carpelos en la subfamilia Aurantioideas.
  - Fórmula floral: * K4-5 C4-5 A 8-10 G(4-5).
- Fruto seco en cápsula (*Ruta*) o carnoso en baya (*Citrus*), llamada hesperidio, semillas con endospermo.
- Excepciones:
  - El porte arbóreo de *Citrus* y otros géneros.
  - Hojas simples en ciertos géneros y hojas reducidas a espinas en varias especies de la subfamilia de las naranjas (Aurantioideas).
  - Más de 10 estambres en el género *Citrus* entre otros.

Géneros más importantes y usos

Ruta

60 especies (5 Europa) de arbustos, matas o hierbas perennes muy comunes en los matorrales mediterráneos.

Ruta graveolens – ruda (Figura 25.1)

Planta tóxica de olor fuerte. Hojas trifoliadas o compuestas pinnadas, alternas, sin estípulas. Inflorescencia en corimbos o panículas de flores amarillas. Todas las flores son tetrámeras a excepción de las centrales que son pentámeras. Ovario con 2-5 lóbulos profundos. Fruto en cápsula. Se ha cultivado en los jardines durante siglos como planta medicinal (Figuras 25.3-25.6).

Citrus

Género de gran interés económico por sus frutos comestibles y por sus aceites esenciales aromáticos, algunas como ornamentales. Los cítricos son originarios de Asia oriental y se cultivan en zonas tropicales y templadas, especialmente en la región mediterránea, Brasil, Argentina, México, China y Japón. Porte arbóreo. Fruto en baya (hesperidio).

Citrus limon – limón (Figuras 25.2A, 25.7 y Figura 25.8)

Citrus medica – cidra, poncil

Citrus aurantium – naranja amarga

Citrus sinensis – naranja dulce (Figuras 25.2B y 25.9-25.12)

Citrus reticulata – mandarina común (satsumas, clementinas)

Citrus aurantiifolia – lima

Citrus paradisi – pomelo (Figuras 22.13 y 25.14)

Citrus bergamia – bergamota

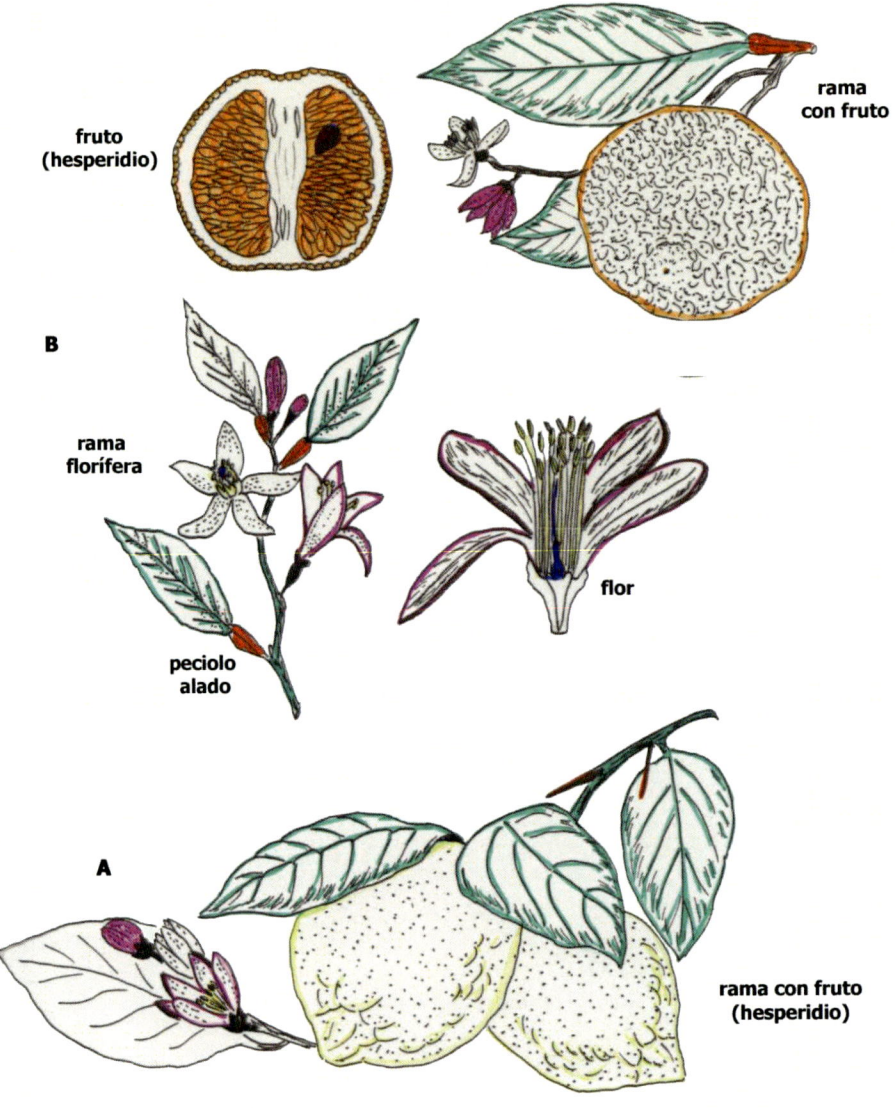

fruto
(hesperidio)

rama
con fruto

B

rama
florífera

flor

peciolo
alado

A

rama con fruto
(hesperidio)

Figura 25.2. Rutáceas. (A) *Citrus limon* (limón). (B) *Citrus sinensis* (naranjo).

Figura 25.3. *Ruta graveolens* (ruda).

Figura 25.4. *Ruta graveolens* (ruda).
Hojas profundamente divididas.

Figura 25.5. Ruta graveolens (ruda).
Flor terminal pentámera.

Figura 25.6. *Ruta graveolens*
(ruda). Flor lateral tetrámera.

Figura 25.7. *Citrus limon* (limón).

Figura 25.8. *Citrus limon* (limón). Fruto (hesperidio).

Figura 25.9. *Citrus sinensis* (naranjo).

Figura 25.10. *Citrus sinensis* (naranjo). Flor.

Figura 25.11. *Citrus sinensis* (naranjo). Hoja con peciolo alado y fruto en desarrollo con disco basal nectarífero.

Figura 25.12. *Citrus sinensis* (naranjo). Fruto (hesperidio).

Figura 25.13. *Citrus paradisi* (pomelo). Fruto (hesperidio).

Figura 25.14. *Citrus paradisi* (pomelo). Hoja con peciolo alado.

CAPÍTULO 26

Familia MALVÁCEAS

ESTRUCTURAS FLORALES DE LAS MALVÁCEAS

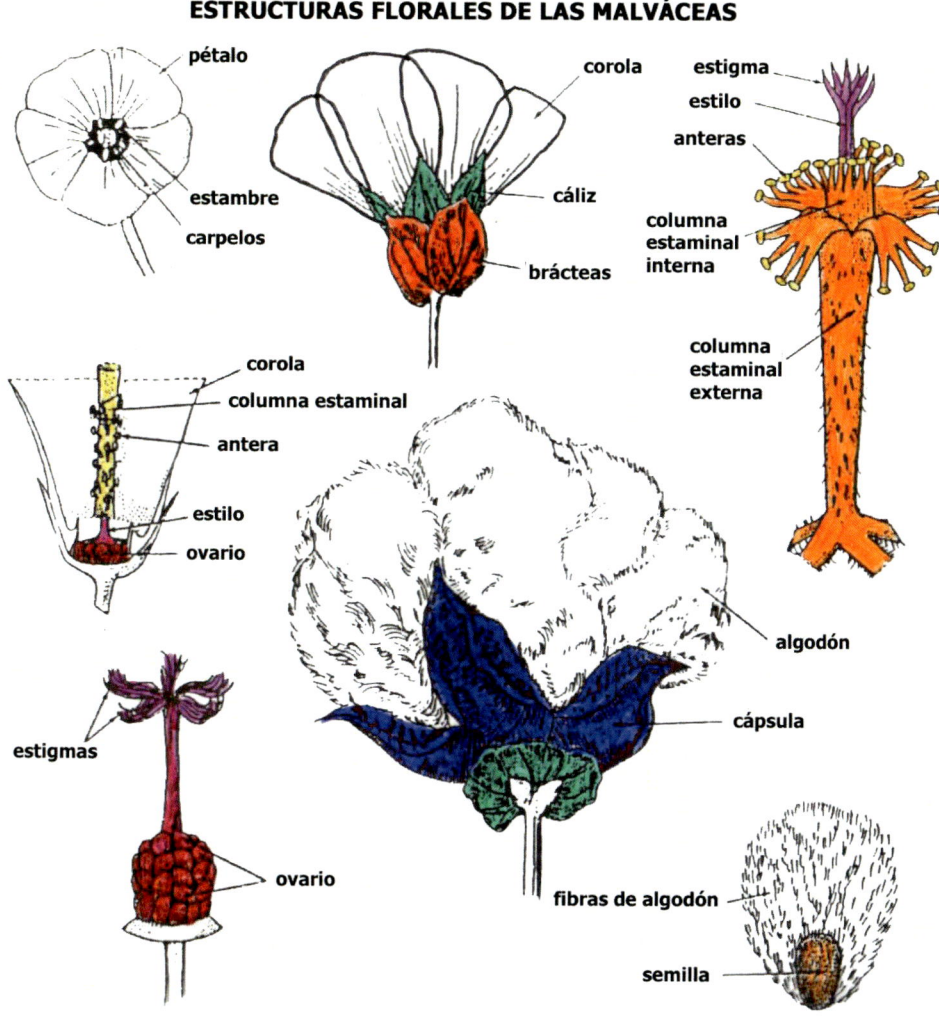

Figura 26.1. Malváceas. Estructuras florales.

Familia MALVÁCEAS
(Familia del algodón y de la malva)

ORDEN MALVALES

Distribución geográfica

Actualmente, estudios morfológicos y moleculares demuestran que dentro de las Malváceas deben incluirse además las siguientes familias: Bombacáceas (familia del *Bombax)*, Sterculiáceas (familia del cacao) y tiliáceas (familia del tilo). Estos 4 grupos no son familias monofiléticas, y deben, por tanto, ser considerados conjuntamente. A pesar de ello, nosotros únicamente nos limitaremos a tratar aquí a las Malváceas en sentido puro. Las Malváceas, en sentido estricto, comprenden más de 1000 especies de distribución casi cosmopolita (falta en las regiones muy frías), muy abundante y diversificada en las zonas tropicales de América del sur. Muchas de ellas viven en lugares nitrificados (bordes de camino, escombreras, etc.), también comprende plantas apreciadas como ornamentales, así como de interés medicinal, aunque su mayor importancia reside en la obtención de fibras textiles a partir de algunas especies.

Caracteres diagnósticos

- Plantas herbáceas, arbustos y árboles.
- Pertenecen a la familia el algodón, muchas plantas populares en jardinería: malvavisco (*Althaea*), *Hibiscus*, *Abutilon* y malas hierbas: malvas (*Malva*, *Lavatera*).
- Hojas alternas, con estípulas, y frecuentemente pelos estrellados.
- Flores (Figura 26.1):
  - Bisexuales y regulares.
  - Pentámeras.
  - 5 sépalos, con calículo.
  - 5 pétalos libres.
  - Estambres numerosos, monoadelfos, unidos en un tubo que a su vez está soldado a la corola.
  - Ovario súpero de 5 o más carpelos soldados, estilo ramificado.
  - Fórmula floral: $*Ca3 \ K(5) \ [C5 \ A^{(\infty)}] \ \underline{G^{(\infty)}}$.
- Frutos en cápsula o esquizocarpo.
- Semillas cubiertas de pelos.

Géneros más importantes y usos

INDUSTRIALES: obtención de fibras

Gossypium

Es el algodón, su fruto al madurar se divide en 3–5 valvas que contienen semillas globosas envueltas por largos pelos epidérmicos. Las distintas especies y razas de cultivo no son fáciles de distinguir (Figuras 26.3 y 26.4). Las más comunes son:

Gossypium herbaceum (Figura 26.2B)

Originaria de África tropical. Flores amarillas con una mancha púrpura en el centro y piezas del epicáliz dentadas.

Gossypium hirsutum

Es el más cultivado. Originario de América tropical. Flores amarillo pálido y también con mancha púrpura en el centro. Epicáliz de piezas laciniadas.

ORNAMENTALES

Althaea

Althaea officinalis – malvavisco

Planta herbácea perenne, de altos tallos erguidos cubiertos de pelos. Hojas alternas, de cuyas axilas nacen las flores solitarias o en racimos, de un rosa muy pálido o casi blancas, con el centro más oscuro y tenues venas radiadas. Vive en lugares húmedos junto al mar. Se cultiva en jardines, y toda la planta posee virtudes medicinales.

Alcea

Alcea rosea – malva real (Figura 26.2A)

Planta herbácea bianual o perenne. Tallos altos y erguidos. Toda la planta está cubierta de una pelusilla áspera. Frecuente en bordes secos de camino y márgenes de campos de cultivo. Se cultiva por sus flores grandes y variedad de colores (Figuras 26.5 y 26.6).

Hibiscus

Hibiscus rosa - sinensis (Figura 26.2C)

Árbol pequeño caducifolio de floración tardía. Tallos recios. Hojas grandes y lustrosas de bordes dentados. Flores vistosas, grandes, de hasta 15 cm de diámetro, con una columna de estigmas y estambres excepcional- mente larga. Apreciado en jardinería por la belleza de sus flores, y cultivado desde muy antiguo, tanto que se desconoce con seguridad su origen; no se conoce en estado silvestre (Figuras 26.7 y Figura 26.8).

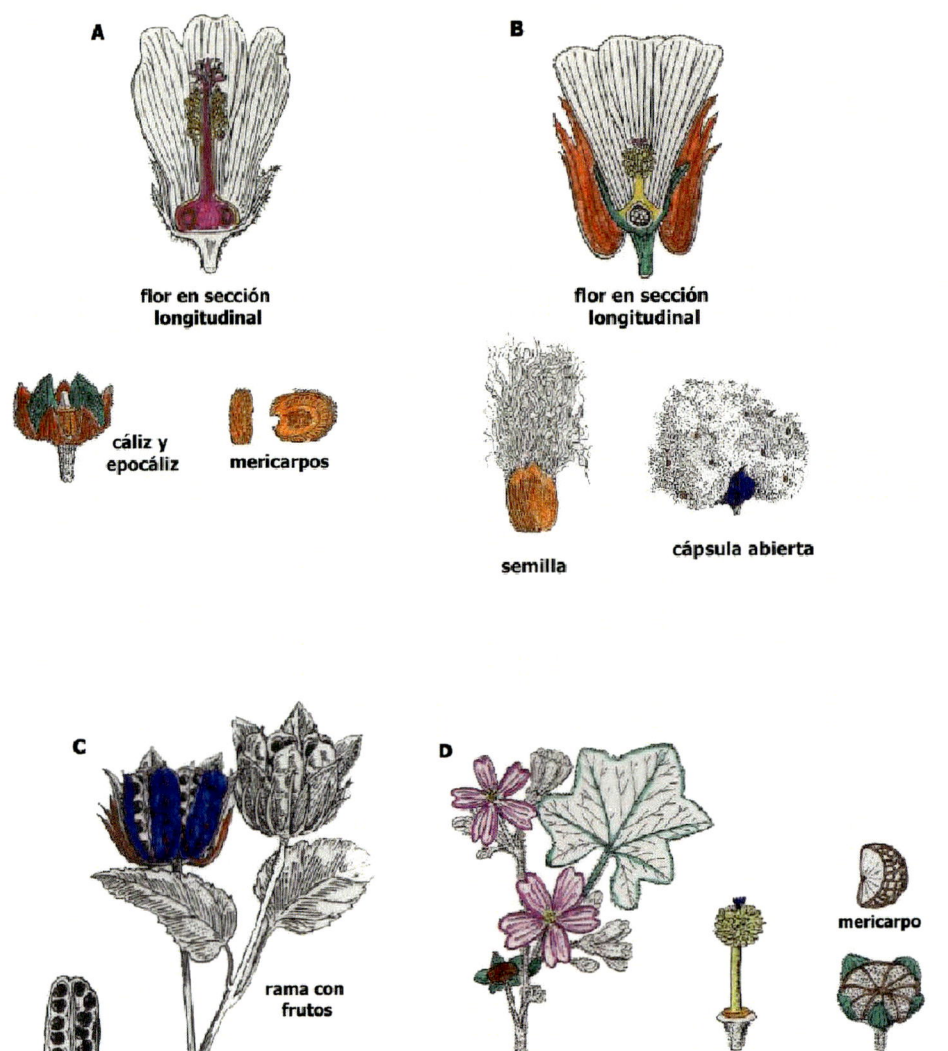

Figura 26.2. Malváceas. (A) *Alcea rosea* (malva real). (B) *Gossypium herbaceum* (algodón). C) *Hibiscus* sp. (hibisco). (D) *Malva sylvestris* (malva).

PLANTAS ARVENSES

Malva

Malva sylvestris – malva (Figura 26.2D)

Planta robusta, con tallos erectos y desparramados. Frecuente en bordes de caminos y terrenos cultivados o en barbecho. Hojas palmeadas de largos peciolos. Flores grandes en las axilas de las hojas, de color rojo-violeta y con pedúnculo largo. Epicáliz con 3 segmentos libres. Semillas con ornamentación reticulada.

Lavatera

Lavatera cretica – malva

Muy parecida a la *Malva sylvestris*, pero los segmentos del epicáliz están soldados por la base (Figuras 26.9-26.12).

Abutilon (Figuras 26.13 y 26.14)

Abutilon theophrasti – yute de china

Planta herbácea de grandes dimensiones de origen asiático, muy cultivada en China y de la que se obtiene una fibra similar al yute. Actualmente es una mala hierba frecuente en los cultivos de maíz.

Figura 26.3. *Gossypium* sp. (algodón).

Figura 26.4. *Gossypium* sp. (algodón).

Figura 26.5. *Alcea rosea* (malva real).

Figura 26.6. *Alcea rosea* (malva real).

Figura 26.7. *Hibiscus* sp. (hibisco).

Figura 26.8. *Hibiscus* sp. (hibisco). Columna estaminal y a su través estilo con estigma ramificado.

Figura 26.9. *Lavatera cretica* (malva). Flor.

Figura 26.10. *Lavatera cretica* (malva). Detalle del cáliz y calículo.

Figura 26.11. *Lavatera cretica* (malva). Columna estaminal.

Figura 26.12. *Lavatera cretica* (malva). Fruto esquizocarpo.

Figura 26.13. *Abutilon* sp.

Figura 26.14. *Abutilon* sp.

CAPÍTULO 27

Familia BRASICÁCEAS (CRUCÍFERAS)

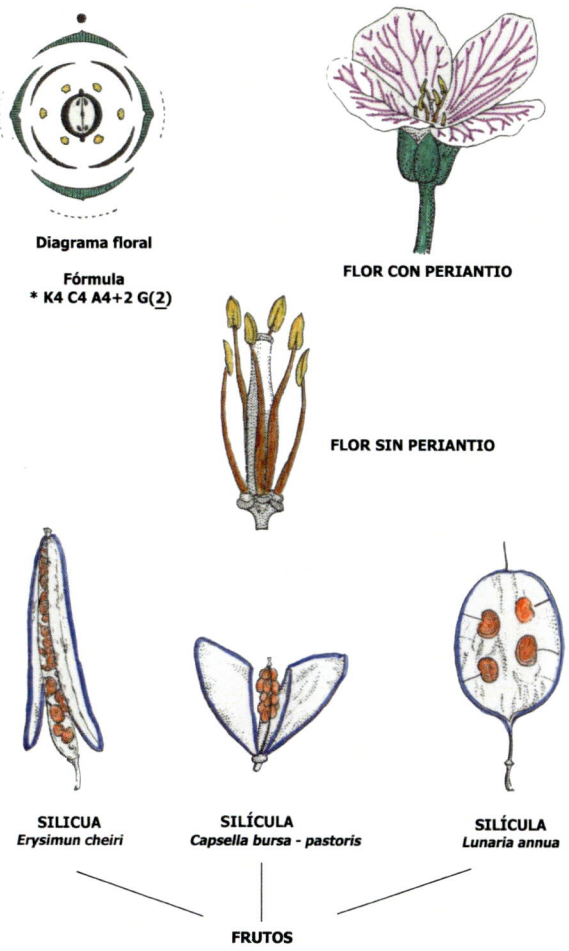

Diagrama floral

Fórmula
* K4 C4 A4+2 G(2)

FLOR CON PERIANTIO

FLOR SIN PERIANTIO

SILICUA
Erysimun cheiri

SILÍCULA
Capsella bursa - pastoris

SILÍCULA
Lunaria annua

FRUTOS

Figura 27.1. Brasicáceas. Flor. Frutos. Diagrama y fórmula floral.

Familia Brasicáceas (Crucíferas)

(Familia de la mostaza y de la col)

ORDEN BRASICALES

Distribución geográfica

Familia formada por unas 3250 especies de distribución cosmopolita, bien representada en las zonas templadas y subtropicales del hemisferio norte, y especialmente en la región mediterránea y del suroeste asiático. Las características del fruto son esenciales en su taxonomía.

En la región mediterránea hay 625 especies (284 endémicas). En la región iranoturaniana hay 874 especies (524 endémicas). En la región saharanoíndica hay 180 especies (62 endémicas).

Caracteres diagnósticos

- Familia de gran importancia económica: hortalizas, obtención de aceite, piensos y condimentos; también algunas ornamentales.
- La mayoría hierbas anuales o perennes.
- Hojas alternas, sin estípulas, con pelos de forma variada (carácter que se utiliza para la identificación).
- Flores bisexuales, regulares e hipóginas, en inflorescencia de racimo o corimbo.
- Flor (Figuras 27.1-27.2, 27.3 y 27.10):
  - 4 sépalos.
  - 4 pétalos en forma de cruz.
  - 6 estambres (4 largos y 2 cortos).
  - Ovario súpero bicarpelar.
  - Fórmula floral: * K4 C 4 A2+4 G($\underline{2}$).
- Fruto: cápsula bilocular con un falso tabique (silicua) dehiscente en 2 valvas (Figura 27.1).
  - 3 veces más largo que ancho: silicua (Figuras 27.8 y 27.11).
  - Menos de 3 veces más largo que ancho: silícula (Figuras 27.12 y 27.13).

Géneros más importantes y usos

Las brasicáceas comprenden un número considerable de plantas cultivadas, pero no pueden compararse con otras familias como las fabáceas o poáceas, y aunque la mayoría de ellas se emplean como comestibles, no forman parte de los alimentos básicos.

Brassica

Brassica oleracea – col y variedades (verduras, plantas forrajeras)

A pesar de su origen incierto, posiblemente Grecia, pocas plantas silvestres han dado lugar a tan gran número de variedades cultivadas distintas: berzas, repollos, coles rizadas, de Bruselas, brócoli, coliflor, etc. Tallo leñoso más o menos decumbente. Hojas inferiores pecioladas y bastante grandes. Flores amarillas dispuestas en racimo. Fruto en silicua.

Brassica oleracea var. *capitata* – repollo, col valenciana

Presenta una yema terminal muy engrosada (repollo) (Figuras 27.3 y 27.4).

Brassica oleracea var. *sabellica* – kale, col rizada

Brassica oleracea var. *viridis* – berza

Brassica oleracea var. *medullosa* – col meollo

Brassica oleracea var. *gongyloides* – colirrábano

Brasca oleracea var. *botrytis* – coliflor

El tallo produce una inflorescencia grande, hinchada y compacta de yemas florales no desarrolladas, de color blanco, moradas y amarillas. La inflorescencia queda envuelta por las hojas circundantes. El romanesco es una variedad de color verde, cuyas inflorescencias presentan geometría fractal, siguiendo una espiral de Fibonacci (Figura 27.5).

Brassica oleracea var. *italica* – brócoli

Similar a la coliflor, pero la inflorescencia produce varias ramas que a su vez llevan un gran número de cabezuelas más pequeñas hacia la base de la rama. Hay variedades verdes y moradas que se vuelven verdes al cocerlas. (Figura 27.6).

Brassica oleracea var. *gemmifera* – coles de Bruselas

Se cultivan por sus yemas axilares, densas y compactas, que nacen apretadas a lo largo del tallo.

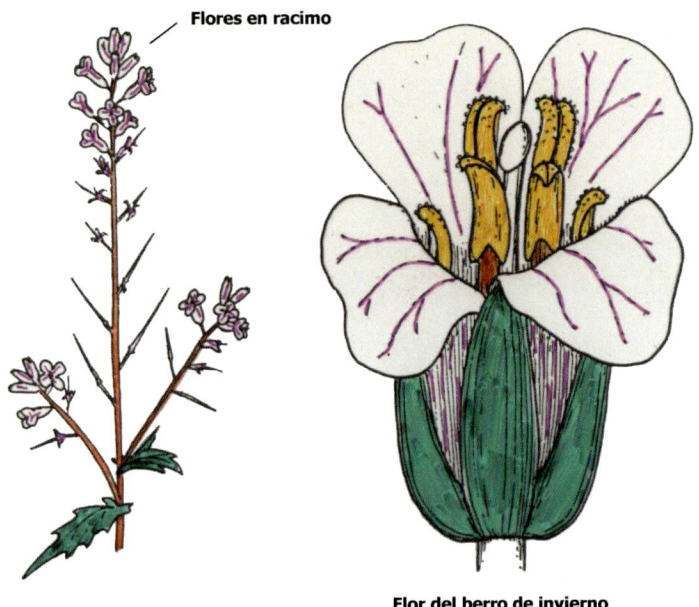

Flores en racimo

Flor del berro de invierno
(*Barbarea vulgaris*)

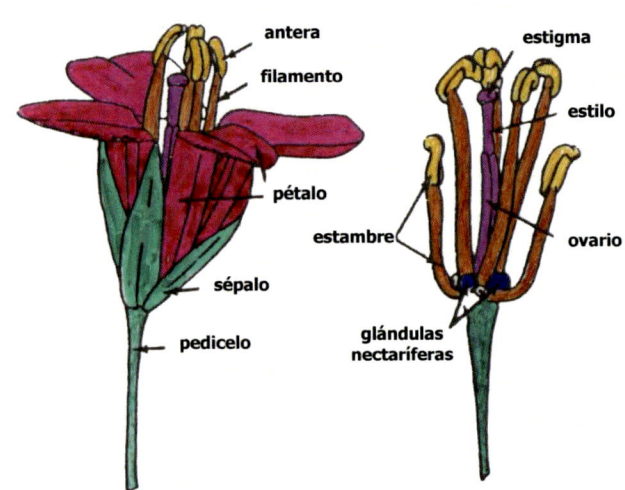

antera

filamento

estigma

estilo

pétalo

estambre

ovario

sépalo

pedicelo

glándulas
nectaríferas

Figura 27.2. Brasicáceas. Flor.

Brassica napus – colza

De origen incierto. Posiblemente proviene de un híbrido. Raíz no engrosada. Principalmente se cultiva para la obtención de aceite de las semillas.

Brassica rapa – nabo, nabo gallego, grelos

Se aprovecha por su raíz engrosada (comestible y forrajera), las hojas (grelos) y el aceite de las semillas.

Brassica x *napobrassica* – nabicol, colinabo

Es un cruce entre repollo y nabo.

Brassica nigra – mostaza negra (oleaginosa, especias)

Se cultiva desde hace mucho tiempo por sus semillas, que se emplean junto con la mostaza blanca para elaborar distintos tipos de mostaza como condimento.

Raphanus

Raphanus sativus – rábano (verdura, planta forrajera)

Cultivada desde antiguo por los egipcios. Se cultiva por sus raíces (órganos de reserva) que se comen en ensalada. El fruto no es en lomento como en otras especies del género.

Sinapis

Sinapis alba – mostaza blanca

Morfológicamente es similar al género *Brassica*, separándose de ella por el número de cromosomas. Se cultiva por las semillas y se distingue fácilmente de la mostaza negra por los pelos cerdosos de los frutos. Las hojas también se utilizan como verdura o bien como forrajera (Figuras 27.7 y 27.8).

Rorippa

Rorippa nasturtium-aquaticum (=*Nasturtium officinale*) – berro (verdura)

Planta herbácea acuática y perenne. Muy común en bordes de acequias y márgenes de cultivos de aguas eutrofizadas. Las hojas y tallos se comen en ensalada y tienen un agradable sabor picante como la mostaza. Su cultivo comercial es relativamente reciente, a principio del siglo XIX en Inglaterra y Francia.

Figura 27.4. *Brassica oleracea* var. *capitata* (repollo).

Figura 27.3. *Brassica oleracea* var. *capitata* (repollo). Inflorescencia.

Figura 27.5. *Brasca oleracea* var. *botrytis* (coloflor). Inflorescencia.

Figura 27.6. *Brasca oleracea* var. *italica* (brocoli). Inflorescencia.

Figura 27.7. *Sinapis alba* (mostaza blanca). Inflorescencia en racimo.

Figura 27.8. *Sinapis alba* (mostaza blanca). Fruto (silicua).

Figura 27.9. *Diplotaxis erucoides* (rabaniza).

Figura 27.10. *Diplotaxis erucoides* (rabaniza). Inflorescencia en racimo.

Figura 27.11. *Diplotaxis erucoides* (rabaniza). Fruto (silicua).

Figura 27.12. *Capsella bursa-pastoris* (zurrón de pastor). Fruto (silícula).

Figura 27.13. *Biscutella* sp. (anteojos). Fruto (silícula).

CAPÍTULO 28

Familia AMARANTÁCEAS

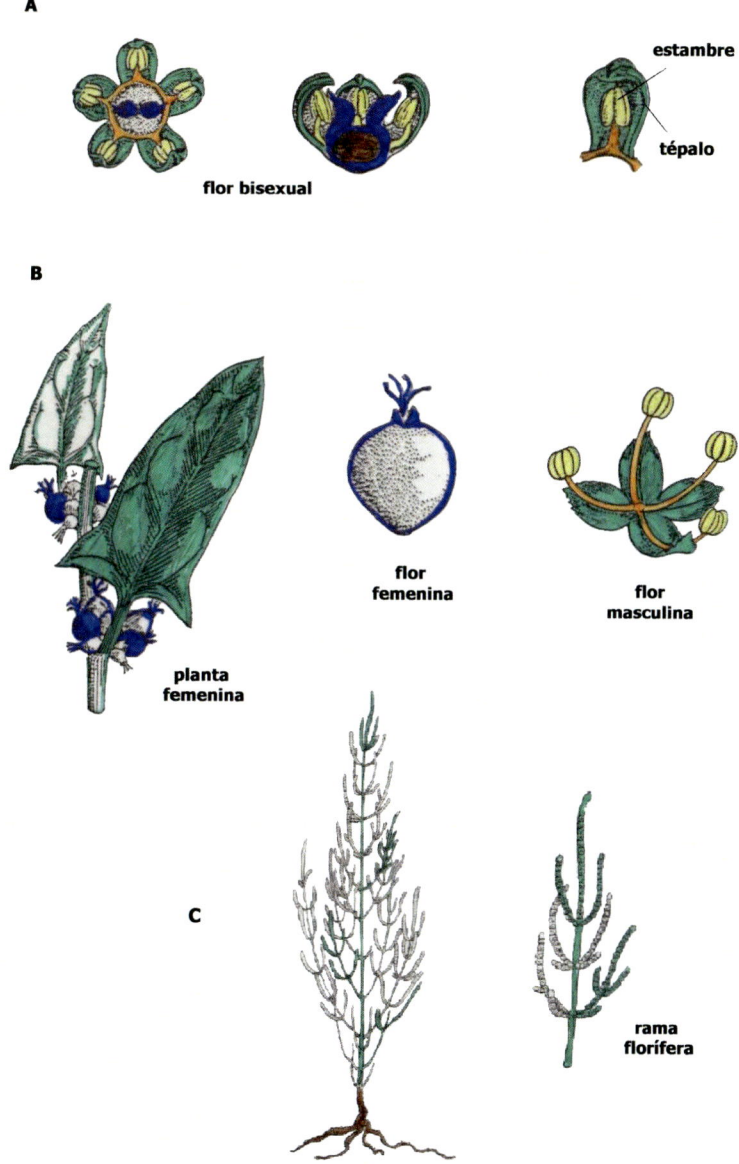

Figura 28.1. Amarantáceas. (A) *Beta vulgaris* subsp. *cicla* (acelga).
(B) *Spinacia oleracea* (espinaca). (C) *Salicornia europaea* (salicornia).

Familia AMARANTÁCEAS

(Familia de la remolacha, espinaca y acelga)

ORDEN CARIOFILALES

Distribución geográfica

Estudios recientes incluyen dentro de esta familia a las antiguas Quenopodiáceas. Familia de unas 2050 especies, la mayoría son de las regiones templadas y subtropicales de casi todo el mundo. Incluye importantes cultivos vegetales.

Caracteres de diagnóstico

- Plantas herbáceas, algunos arbustos (Figura 28.1).
- Nitrófilas: zonas ruderales, escombreras y basureros (*Chenopodium*).
- Halófitas: comunidades de marismas y suelos salinos (*Salicornia*). Algunos ejemplares con tallos articulados y suculentos (Figura 28.1C).
- Raíces penetrantes.
- Hojas simples, alternas u opuestas, sin estípulas. En algunos taxones suculentas o reducidas.
- Flores pequeñas, regulares, bi o unisexuales, solitarias o en inflorescencias cimosas o espiciformes.
  - Perianto simple, normalmente el cáliz, de 3-5 tépalos libres pardos o verdosos.
  - Anteras igual al número de piezas del periantio.
  - Ovario súpero de 3 carpelos soldados con 1 sólo óvulo.
  - Fórmula floral: * P3-5 A3-5 G(3).
- Fruto generalmente en núcula, a veces baya o cápsula.
- Presencia de betalainas, pigmentos derivados del ácido betalámico. Hay de dos tipos las betacianinas de color púrpura, que no cambian de color, aunque varíe el pH, y las betaxantinas de color amarillo.

Géneros más importantes y usos

Beta

Beta vulgaris subsp. *vulgaris* – remolacha

Beta vulgaris subsp. *vulgaris var. altissima* – remolacha azucarera

Beta vulgaris subsp. *vulgaris var. crasa* – remolacha forrajera

La remolacha azucarera es la fuente de azúcar más importante en los países templados. Aunque la planta se conocía desde antiguo, su uso comercial es moderno. La remolacha azucarera tiene la raíz cónica y blancuzca, de 1 kg aproximadamente de peso y una longitud de 30-70 cm. El azúcar se localiza en el floema, por lo que interesan anillos vasculares anchos. Por el contrario, la raíz de la remolacha común es roja y de forma más o menos ovoide. Se utiliza en ensalada, hervida en agua y pelada, o adobada en vinagre (Figura 28.2).

Beta vulgaris subsp. *cicla* – acelga (Figura 28.1A y Figura 28.3)

Se cultiva exclusivamente por sus hojas, que se usan como hortaliza. Hay dos tipos, una con hojas verde-amarillas y peciolo largo verdoso, y otra con hojas verde oscuro y peciolo ancho y blanco (penca) que puede comerse por separado. Las acelgas son de sabor más suave que las espinacas.

Spinacia

Spinacia oleracea – espinaca (Figura 28.1B y Figura 28.4)

Sus hojas se comen como verdura hervida o cruda en ensalada. Son más ricas en proteínas que otras hortalizas verdes, y también poseen un elevado contenido de vitamina A y hierro.

Figura 28.2. *Beta vulgaris* subsp. *vulgaris* (remolacha). Raíz reservante.

Figura 28.3. *Beta vulgaris* subsp. *cicla* (acelga).

Figura 28.4. *Spinacia oleracea* (espinaca).

CAPÍTULO 29

Familia **EBENÁCEAS**

fruto en baya

$*$K(3-8) C(3-8) A$\overset{\frown}{}$G(2-16)

**rama con flores
y frutos**

**hojas simples
caducas**

Figura 29.1. Ebenáceas. *Diospyros kaki* (caqui).

Familia Ebenáceas

(Familia del caqui)

ORDEN ERICALES

Distribución geográfica

Familia de unas 500 especies, casi todas ellas de zonas tropicales y subtropicales, aunque también con algún representante en las zonas templadas.

Caracteres diagnósticos

- Árboles o arbustos, de corteza casi siempre negra.
- Hojas caducas, simples, enteras, opuestas o alternas.
- Flores regulares, trímeras o pentámeras, hermafroditas o en disposición unisexual dioica.
  - Cáliz de 3 a 8 sépalos soldados en la base, persistentes y acrescentes con el fruto.
  - Corola de 3 a 8 pétalos soldados en un tubo.
  - Estambres libres o epipétalos, de 3 a ∞.
  - Ovario súpero, raramente ínfero, de 2 a 16 carpelos soldados.
  - Fórmula floral: * K(3-8) C(3-8) A3-∞ G(2-16).
- Fruto en baya.

Géneros más importantes y usos

La mayoría de las especies de interés económico pertenecen al género *Diospyros*, donde encontramos al caqui y el ébano (Figura 29.1).

Diospyros

Diospyros kaki – caqui o palo santo (fruta, alimento) (Figura 29.2)

Árbol originario de China, donde se cultiva desde el s. VIII. Fue introducido a principios del siglo XIX en EE. UU. y en Europa (Francia, Italia y España) hacia 1870.

Existen distintas variedades según la astringencia del fruto, astringentes y no astringentes, la cual viene determinada por el contenido en taninos, que disminuyen a medida que el fruto madura.

Las variedades astringentes son las más comunes, entre ellas destacar la variedad Rojo Brillante, con Denominación de Origen Kaki Ribera del Xúquer, en la comarca de la Ribera Alta (Valencia) y la más consumida en España (Figuras 29.3-29.5). Estas variedades se pueden consumir de dos formas: la "Classic" que se recolecta madura y la pulpa es blanda, o bien la "Persimon" con pulpa dura y firme, pero para ello ha de someterse a un proceso para eliminar la astringencia. Por el contrario, las variedades no astringentes mantienen la dureza de la pulpa cuando la astringencia va disminuyendo, como ocurre con la variedad Triumph (nombre comercial Sharoni)

No confundir "Persimon" con "Persimmon", la primera es una marca registrada (no una variedad) y la segunda significa caqui en inglés.

Diospyros ebenum – ébano de Ceilán (madera, ebanistería) (Figura 29.6)

Diospyros crassiflora – ébano de Gabón (madera, ebanistería)

El ébano es una madera que se caracteriza por su color negro intenso. Tiene una densidad muy alta (se hunde en el agua) y una textura muy buena, lo cual le permite un pulido muy suave. Es muy apreciada en ebanistería, tanto para la fabricación de muebles, como para instrumentos musicales y objetos de decoración.

Figura 29.2. *Diospyros kaki* (caqui). Plantación

Figura 29.3. *Diospyros kaki* (caqui). Flor.

Figura 29.4. *Diospyros kaki* (caqui). Fruto (baya).

Figura 29.5. *Diospyros kaki* (caqui). Fruto maduro (baya).

Figura 29.6. Nacimiento de madera de ébano (*Diospyros ebenum*).

CAPÍTULO 30

Familia CONVOLVULÁCEAS

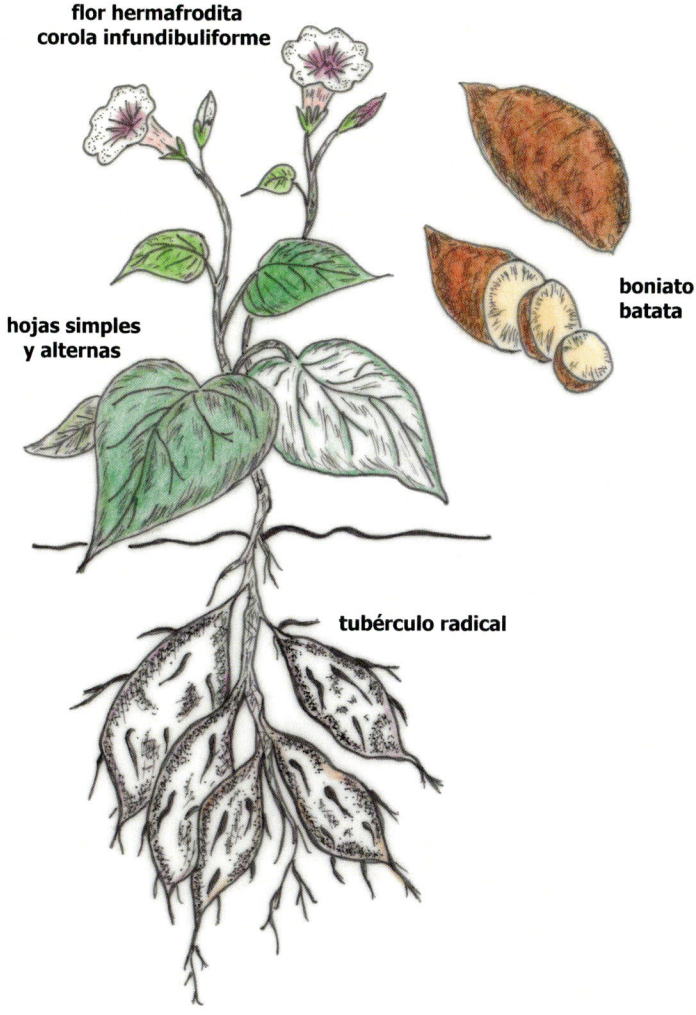

**flor hermafrodita
corola infundibuliforme**

**boniato
batata**

**hojas simples
y alternas**

tubérculo radical

Figura 30.1. Convolvuláceas. *Ipomea batata* (boniato, batata).

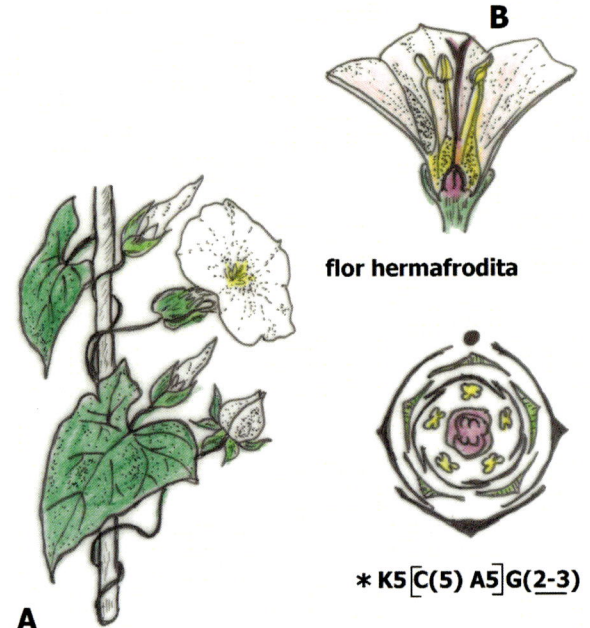

Figura 30.2. Convolvuláceas. (A) *Calystegia sepium* (correhuela mayor), (B) *Convolvulua arvensis* (correhuela).

Familia CONVOLVULÁCEAS

(Familia del boniato/batata)

ORDEN SOLANALES

Distribución geográfica

Familia de unos 56 géneros y aproximadamente 1600 especies de distribución cosmopolita con preferencia en las regiones tropicales y subtropicales de todo el mundo.

Caracteres diagnósticos

- Plantas herbáceas y arbustivas, anuales o perennes, generalmente trepadoras.
- Hojas simples, alternas, enteras o lobuladas (3-7 lóbulos) incluso en el mismo tallo.

- Flores actinomorfas, hermafroditas, pentámeras, pediceladas, con 2 bractéolas opuestas que no ocultan el cáliz.
  - Cáliz dialisépalo con sépalos desiguales.
  - Corola infundibuliforme de 5 lóbulos sinuados y plegada, en forma de embudo.
  - Estambres en número de 5 y soldados en el cuarto inferior del tubo de la corola.
  - Ovario súpero, sincárpico, con 2-3 carpelos.
  - Fórmula floral: * K5 [C(5) A5] G(2-3).
- Fruto en cápsula de dehiscencia loculicida.

Géneros más importantes y usos

La especie que nos interesa desde el punto de vista agronómico es el boniato o batata.

Ipomea

Ipomea batata – boniato/batata (tubérculo radical comestible) (Figura 30.1)

El género *Ipomea* está formado por unas 600-700 especies, incluye algunas campanillas utilizadas en jardinería como enredaderas, y el conocido boniato, también llamado batata. Originario de América Central, fue Cristóbal Colón quien lo introdujo en Europa a finales del siglo XV. Es una planta que enraíza fácilmente por esqueje y desarrolla grandes tubérculos comestibles. Su cultivo está muy arraigado en España, siendo Vélez-Málaga el mayor productor de Europa. Además, es una fuente importante de hidratos de carbono para muchos países tropicales y subtropicales. Existen muchas variedades, dependiendo del color de la piel y de la carne; así encontramos boniatos de piel roja y carne blanca y/o anaranjada y los de piel blanca y carne amarilla o blanca. Destacar la variedad O'Henry de pulpa blanca y gran dulzor, utilizado para la elaboración de dulces (Figura 30.3).

Calystegia

Calystegia sepium – correhuela mayor (Figura 30.2A)

Planta de tallos trepadores con hojas sagitadas. Flores grandes de hasta 6 cm, con la corola en embudo y de color blanco puro. Es propia de ambientes nitrificados y húmedos (cañizares, acequias, barrancos).

Convolvulus

Convolvulus arvensis – correhuela o cahiruela (Figura 30.2B)

Planta trepadora que se multiplica vegetativamente por medio de yemas. Las hojas son sagitadas. Las flores, de hasta 3 cm, blancas o ligeramente rosadas. Muy abundante en campos de cultivo (Figura 30.4).

Figura 30.3. *Ipomea batata* (boniato, batata). Tuérculo radical.

Figura 30.4. *Convolvulus arvensis* (correhuela).

CAPÍTULO 31

Familia SOLANÁCEAS

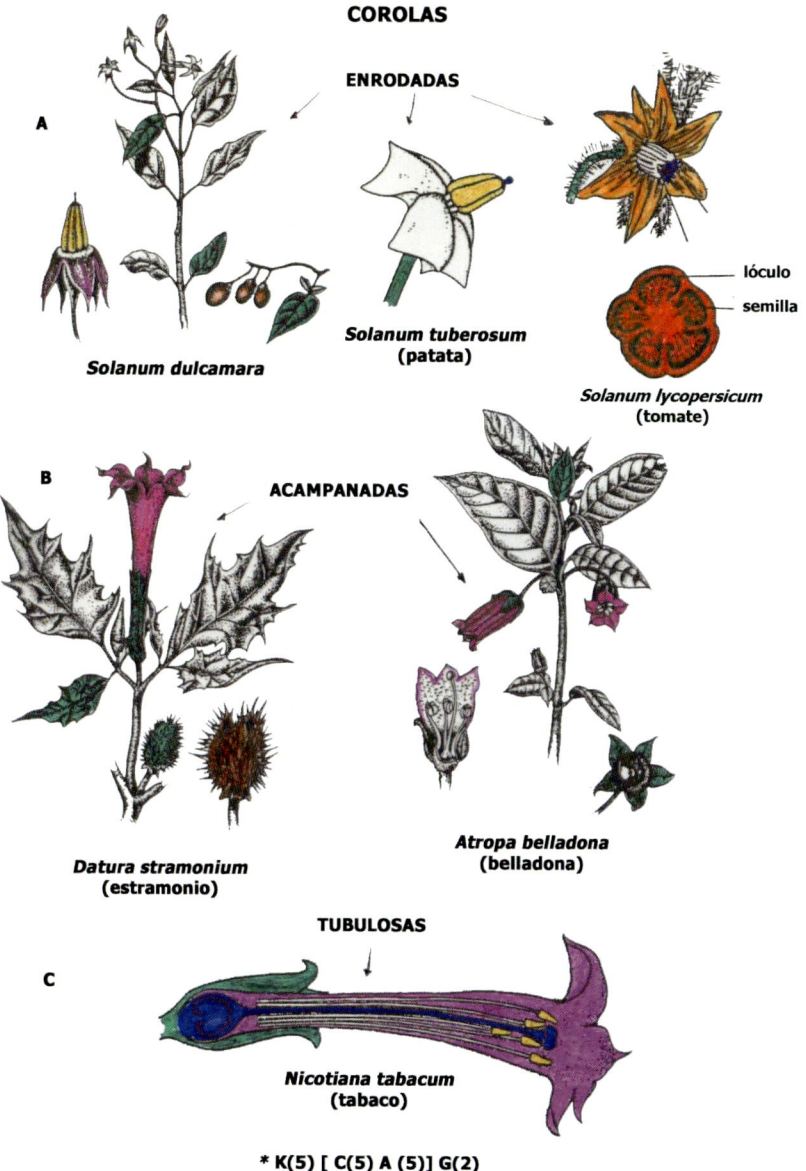

COROLAS

ENRODADAS

A

Solanum dulcamara

Solanum tuberosum
(patata)

lóculo
semilla

Solanum lycopersicum
(tomate)

B

ACAMPANADAS

Datura stramonium
(estramonio)

Atropa belladona
(belladona)

TUBULOSAS

C

Nicotiana tabacum
(tabaco)

* K(5) [C(5) A (5)] G(2)

Figura 31.1. Solanáceas. Tipos de corolas. (A) Enrodadas. (B) Acampanadas. (C) Tubulosas.

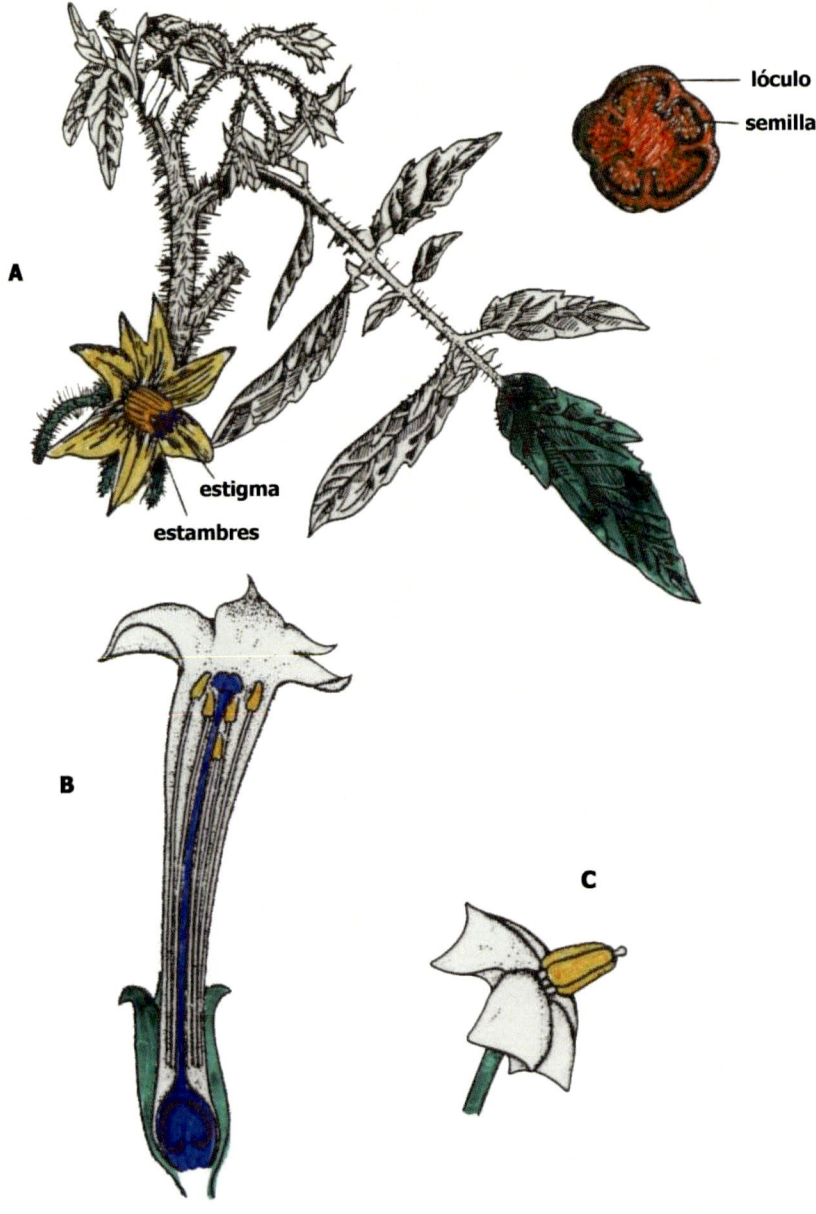

Figura 31.2. Solanáceas. (A) *Solanum lycopersicum* (tomate).
(B) *Nicotiana tabacum* (tabaco). (C) *Solanum tuberosum* (patata).

FAMILIA SOLANÁCEAS
(Familia de la patata, del tomate y del tabaco)

ORDEN SOLANALES

Distribución geográfica

Familia ampliamente distribuida por las regiones tropicales y templadas de todo el mundo, pero concentradas principalmente en América central y del sur, donde se encuentra el mayor número de especies endémicas. En la actualidad comprende cerca de 3000 especies.

Caracteres diagnósticos

- En su mayoría plantas herbáceas, algunos árboles y arbustos, ricos en alcaloides.
- Hojas muy variables en forma y tamaño, enteras o divididas, sin estípulas y generalmente alternas.
- Flores solitarias o inflorescencias. Bisexuales, regulares y pentámeras.
    - 5 sépalos parcialmente soldados.
    - 5 pétalos diversamente soldados.
    - Corolas (Figura 32.1):
      enrodadas (*Solanum*)
      acampanadas (*Mandragora, Datura*)
      tubulosas (*Nicotiana*)
    - 5 estambres.
    - Ovario súpero y bicarpelar (las formas hortenses del tomate tienen acrecentado el número de carpelos).
    - Fórmula floral: * K(5) [C(5) A5] G (2).
- Frutos en baya o en cápsula.
- Semillas con endospermo.

Géneros más importantes y usos

Solanum

Solanum tuberosum – patata (tubérculo comestible) (Figuras 31.1A y 31.2C)

Es uno de los alimentos más importantes del mundo. Es originaria de Sudamérica y fue introducida en Europa por los españoles en el siglo XVI. Planta perenne, si bien el cultivo es anual. Hojas imparipinnadas con 3-4 pares de foliolos. Flor blanca. La planta tiene raíces fibrosas y muchos rizomas que se hinchan en su extremo formando los tubérculos comestibles que son las patatas (Figuras 31.3-31.5).

Solanum melongena – berenjena (fruto comestible)

Nativa de Asia tropical. Planta perenne que se cultiva como anual. Hojas ovoides de bordes lobulados, con pelos estrellados en el envés. Flores en cimas. Cáliz lobulado y dentado con unas pocas espinas. Corola púrpura. Fruto en baya (Figuras 31.6 y 31.7).

Solanum lycopersicum – tomate (fruto comestible) (Figuras 31.1A y 31.2A)

Nativo de los Andes. Se cultiva extensamente en todo el mundo por su fruto, muy apreciado por su alto contenido en vitaminas y por las muchas maneras de prepararlo a la hora de comer. Fue introducido en Europa por los españoles en el siglo XVI. Planta perenne de cultivo anual. Hojas pinnadas o bipinnadas. Todas las partes verdes poseen glándulas que contienen el alcaloide venenoso solanina, que desprende un olor característico cuando se tocan. Flores en racimos de color amarillo. El fruto, el tomate, es una baya jugosa y carnosa (Figuras 31.8 y 31.9).

Capsicum

Son un grupo de plantas nativas de América tropical y de las Antillas, con un gran número de variedades y muchas formas intermedias híbridas. Frutos de forma y longitud variable, así como en cuanto al grado "picante", que es debido al compuesto capsicina, utilizado en medicina para el tratamiento de la artritis u osteoartritis gracias a sus propiedades analgésicas.

Capsicum annuum – pimientos y guindillas

Planta anual que se siembra de semilla. Se cultiva extensamente en Europa meridional. Flores solitarias en las axilas de las hojas. Flores blancas (Figura 31.10).

Nicotiana

El género incluye unas 100 especies de plantas herbáceas y leñosas. Originarias de las regiones tropicales de América, Australia y algunas islas de Oceanía.

Nicotiana tabacum – tabaco (cigarrillos, rape y tabaco de mascar) (Figuras 31.1C y 31.2B)

Es uno de los cultivos no alimenticios más importante del mundo. El tabaco se introdujo en Europa después del descubrimiento de América, pero hasta principios del siglo XVII no se extendió la costumbre de fumar; primero las pipas, después los puros, y a principios del siglo XIX los cigarrillos procedentes de Turquía. Arbusto pubescente, de unos 3 m de altura. Hojas basales grandes y las superiores lanceoladas. Flores grandes, rosadas, agrupadas en cimas. Fruto en cápsula. En la planta podemos encontrar distintos alcaloides: nicotina, nornicotina, anabasina, nicotirina, y otros.

ESPECIES VENENOSAS: ricas en alcaloides

En general, todas las plantas aquí tratadas contienen alcaloides tropánicos muy tóxicos, en especial L-hiosciamina, que se transforma parcialmente al secarse en DL hiosciamina o atropina. Otros alcaloides en menor cantidad son la escopolamina, atropamina y la belladonita. Los síntomas de envenenamiento, en general, son sequedad de boca, dificultad para hablar, pupilas dilatadas y ceguera, seguido de un estado de excitación al que sucede otro de estupor profundo acompañado de hipotensión, dificultad respiratoria, pérdida de conciencia y muerte.

Atropa

Atropa belladonna – belladona (Figura 31.1B)

Planta de origen europeo, perenne, de unos 150 cm de altura, con raíz robusta y tallo grueso. Crece en los claros de los bosques y sus lindes, especialmente en los hayedos.

Datura

Datura stramonium – estramonio (Figura 31.1B)

Planta anual que alcanza una altura superior al metro. Nativa de México, desde donde fue llevada a Europa por los españoles. Se encuentra por todo el mundo, siempre que las condiciones sean favorables. Crece en terrenos baldíos y nitrificados. Flores blancas, grandes y erectas. Fruto en cápsula (Figuras 31.11 y 31.12). No confundir con la *Brugmansia* de flores péndulas (Figuras 31.14 y 31.15).

Mandragora

Mandragora officinarum – mandrágora

Oriunda del sur de Europa. Planta acaule de raíz napiforme. Crece en bosques sombríos, riberas de los ríos y arroyos, pero donde la luz del sol no penetra. La raíz es gruesa y larga, generalmente dividida en 2 o 3 ramificaciones, de color blanquecino. Flores blancas. Fruto en baya de olor fétido. Sus raíces fueron usadas en rituales mágicos por el parecido de las bifurcaciones a una figura humana, a la que se le atribuían propiedades afrodisíacas, mágicas y hasta diabólicas.

Hyoscyamus

Hyoscyamus niger – beleño negro

Hierba bianual de unos 50 cm de altura. Presente en todo el mundo, al haberse extendido como mala hierba, y naturalizándose en muchos lugares donde se introdujo (Figura 31.13).

Figura 31.3. *Solanum tuberosum* (patata). Plantación.

Figura 31.4. *Solanum tuberosum* (patata). Flor enrodada.

Figura 31.5. *Solanum tuberosum* (patata). Tubérculo caulinar.

Figura 31.6. *Solanum melongena* (berenjena). Flor enrodada.

Figura 31.7. *Solanum melongena* (berenjena). Fruto (baya).

Figura 31.8. *Solanum lycopersicum* (tomate). Planta con frutos (baya).

Figura 31.9. *Solanum lycopersicum*
(tomate). Flor enrodada.

Figura 31.10. *Capsicum annum*
(pimiento). Fruto (baya).

Figura 31.11. *Datura stramonio* (estramonio). Flor acampanada.

Figura 31.12. *Datura stramonio* (estramonio). Fruto cápsula.

Figura 31.13. *Hyosciamus* sp. (beleño). Flor.

Figura 31.14. *Brugmansia arborea*. Flor acampanada.

Figura 31.15. *Brugmansia arborea*. Flor acampanada.

CAPÍTULO 32

Familia LAMIÁCEAS

Figura 32.1. Lamiáceas. *Nepeta cataria* (menta gatera).

inflorescencia en
verticilastro

tallo en
sección
cuadrangular

hojas opuestas
y decusadas

estilo ginobásico

labio superior:
2 pétalos soldados

4 estambres: 2 largos
2 cortos

labio inferior:
3 pétalos soldados

cáliz embudado
o acampanado

Familia Lamiáceas (Labiadas)

(Familia de la menta y del romero)

ORDEN LAMIALES

Distribución geográfica

Familia amplia de más de 6000 especies, prácticamente cosmopolita. Crecen en casi todos los biotopos, sólo falta en las áreas muy frías del hemisferio norte.

En la región mediterránea es donde mejor se encuentra representada la familia, formando parte de los matorrales.

Caracteres diagnósticos

- La mayoría son especies herbáceas o arbustivas.
- Tallos cuadrangulares (Figuras 32.1 y 32.2).
- Hojas simples, opuestas y decusadas.
- A menudo la planta está cubierta de pelos y glándulas con aceites esenciales (plantas aromáticas).
- Flores dorsiventrales, muchas veces agrupadas en inflorescencias, generalmente verticilastros.
- Flor (Figuras 32.1 y 32.2):
  - Cáliz de 5 sépalos, embudado o acampanado, con frecuencia bilabiado.
  - Corola tubulosa bilabiada de 5 pétalos. Labio superior – 2 pétalos. Labio inferior – 3 pétalos.
  - 4 estambres (2 largos y 2 cortos = didínamos). En salvia y romero sólo existe el par inferior.
  - Ovario súpero y bicarpelar, pero debido a falsos tabiques está dividido exteriormente en 4 lóbulos.
  - Estilo ginobásico: que nace de la base del ovario. Parece que salga a partir del receptáculo.
  - Fórmula floral: $\downarrow$ K (5) [C (5) A4 + 1°] G ($\underline{2}$).

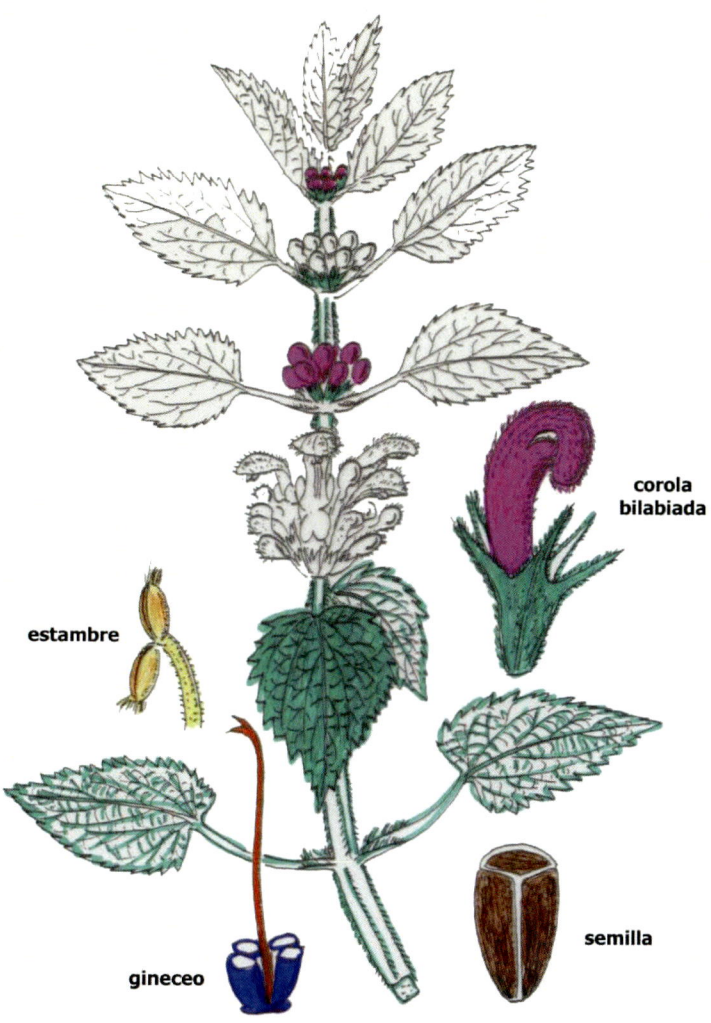

Figura 32.2. Lamiáceas. *Lamiun album*.

Géneros más importantes y usos

Muchas se cultivan comercialmente por su riqueza en aceites esenciales muy estimados en perfumería, y también como ornamentales. La mayoría son plantas aromáticas con propiedades medicinales, y utilizadas además como especia o condimentos de las comidas.

Lavandula – espliego, lavanda y cantueso (Figura 32.3A)

Género muy polimorfo. Muy común en los matorrales abiertos secos y soleados, o en los claros de los encinares o pinares calizos. Algunas especies (espliego, lavanda) son muy apreciadas en perfumería para la preparación de las aguas denominadas "de lavanda". También son unas excelentes plantas melíferas, proporcionando una de las mieles monoflorales más importantes, miel de espliego.

Lavandula angustifolia – lavanda

Lavandula latifolia – espliego, alhucema

Lavandula multífida – espliego multífido

Lavandula stoechas – cantueso (Figuras 32.4 y 32.5)

Lavandula dentata – espliego dentado (Figuras 32.6 y 32.7)

Mentha – menta

Incluye distintas especies que se cultivan para obtener la popular menta, muy utilizada como condimento de cocina, así como para aromatizar dulces, medicinas, bebidas alcohólicas, pasta de dientes o jabón de baño. Se trata de plantas herbáceas vivaces, dotadas de rizomas subterráneos ramificados que dan origen a numerosos tallos erguidos con hojas lanceoladas. Flores de color violáceo agrupadas en espigas terminales.

Mentha spicata – hierbabuena (mojito) (Figuras 32.8 y 32.9)

Mentha x *piperita* (*M. aquatica* x *M. spicata*) – menta inglesa (Figuras 32.10 y 32.11)

Mentha pulegium – poleo

Mentha suaveolens – mastranzo, menta borde (Figura 32.12)

Ocimum

Ocimum basilicum – albahaca fina y moruna

Es natural de la India y ya en el siglo XII se utilizaba como condimento. Planta herbácea anual de tallo anguloso, ramificado con hojas opuestas y ovales. Corola blanca amarillenta, de tubo corto. El labio superior tiene 4 lóbulos y el inferior es más largo y en forma de cuchara. Toda ella es velluda y de aroma característico a clavo o a una mezcla de rosa y clavel. El aceite esencial es un ingrediente importante en perfumería (Figuras 32.13 y 32.14).

Origanum – orégano y mejorana

Matas perennes, de aspecto muy diferente. El orégano es más robusto, hasta 1 m de altura, rizoma leñoso, tallo rojizo y velloso, y flores color carmín. La mejorana es de aspecto más delicado, tallo erguido y ramificado, no superando los 30 cm de altura, con flores pequeñas y blancas, y despide un aroma más suave que el del orégano.

Origanum vulgare – oregano (Figura 32.15)

Origanum mejorana – mejorana (Figura 32.16)

Salvia

Salvia rosmarinus (*Rosmarinus officinalis*) – romero (Figura 32.3B)

Arbusto mediterráneo por excelencia, perenne, de tallo muy ramificado. Hojas rígidas y lineales. Flores de color blanco violáceo. Frecuente en diferentes formaciones vegetales, pero principalmente en los matorrales y coscojares. Se multiplica por esqueje. Sus propiedades aromáticas y medicinales han sido aprovechadas desde la antigüedad. Las hojas secas desprenden un olor fuerte embriagador y tienen un sabor amargo. El néctar de sus flores es excelente, dando una de las mejores mieles monoflorales que existen, muy apreciada por los consumidores por su buena calidad (Figuras 32.17-32.19).

Salvia sp. – salvia

Arbustos perennes vellosos de tallo ramificado, hojas oblongas, rígidas y tomentosas. Flores de pedúnculo corto, violeta oscuro. Se cría en los matorrales abiertos, ribazos y al pie de laderas secas y soleadas. Ha sido la lamiácea más utilizada en medicina, desde los griegos hasta la Edad Media, por sus propiedades tonificantes y reconstituyentes.

Salvia officinalis – salvia (Figuras 32.20 y 32.21)

Salvia verbenaca – salvia borda (Figuras 32.22 y 32.23)

Satureja

Satureja montana – ajedrea

Arbusto pequeño, perenne, frecuente en tomillares o matorrales pedregosos, a veces en lechos de río. Hojas lineares de margen ciliado. Flores blancas. En Murcia y Valencia se utiliza para adobar las aceitunas.

Thymus

Unas 35 especies diferentes, muchas de ellas con gran diversificación subespecífica, siendo la Península Ibérica una de las áreas más ricas y con mayor grado de endemicidad.

Thymus vulgaris – tomillo

Mata pequeña de tallos leñosos en la base. Hojas pequeñas con bordes enrollados, lampiñas por el haz, tomentosas por el envés, y moteadas de glándulas. Flores muy pequeñas, blancas o púrpura pálido, y con cáliz acampanado. Toda la planta es muy aromática y odorífera, y de ella se obtiene un aceite esencial rico en timol y carvacrol, con propiedades antisépticas y fungicidas, y que se emplea en odontología y en cosmética para la fabricación de dentífricos y elixires bucales (Figura 32.24).

Thymus piperella – pebrella, pimentera

Endemismo ibero-levantino de la provincia de Valencia y norte de Alicante. Pequeña mata, más o menos erguida y ramificada desde la base. Frecuente en matorrales de romero y tomillo sobre sustratos calcáreos. (Figuras 32.25 y 32.26).

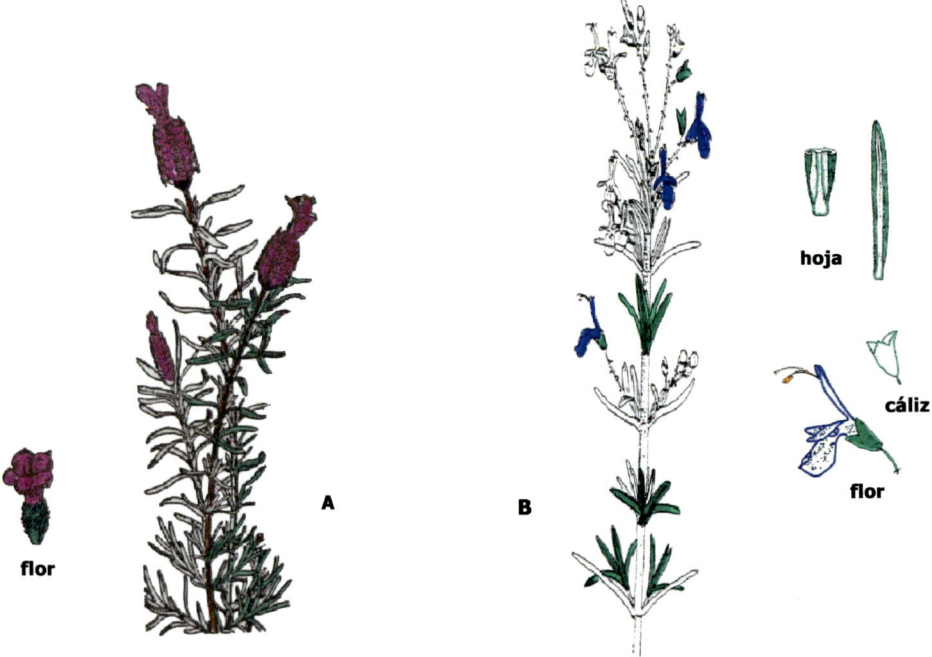

Figura 32.3. Lamiáceas. (A) *Lavandula stoechas* (cantueso). (B) *Salvia rosmarinus* (romero).

Figura 32.4. *Lavandula stoechas* (cantueso).

Figura 32.5. *Lavandula stoechas* (cantueso). Inflorencencia.

Figura 32.6. *Lavandula dentata*.

Figura 32.7. *Lavandula dentata*.

Figura 32.8. *Mentha spicata* (hierbabuena).

Figura 32.9. *Mentha spicata* (hierbabuena). Inflorescencia en verticilastro.

Figura 32.10. *Mentha* x *piperita* (menta inglesa).

Figura 32.11. *Mentha* x *piperita* (menta inglesa). Inflorescencia en verticilastro.

Figura 32.12. *Mentha suaveolens* (menta borde).

Figura 32.13. *Ocimum* sp. (albahaca).

Figura 32.14. *Ocimum* sp. (albahaca). Flor.

Figura 32.15. *Origanum vulgare* (orégano).

Figura 32.16. *Origanum mejorana* (mejorana).

Figura 32.17. *Salvia rosmarinus* (romero).

Figura 32.18. *Salvia rosmarinus* (romero).

Figura 32.19. *Salvia rosmarinus* (romero). Flor.

Figura 32.20. *Salvia officinalis* (salvia).

Figura 32.21. *Salvia officinalis* (salvia).

Figura 32.22. *Salvia verbenaca* (salvia borda).

Figura 32.23. *Salvia verbenaca* (salvia borda). Inflorescencia en verticilastro.

Figura 32.24. *Thymus vulgaris* (tomillo).

Figura 32.25. *Thymus piperella* (pebrella).

Figura 32.26. *Thymus piperella* (pebrella). Flor.

CAPÍTULO 33

Familia OLEÁCEAS

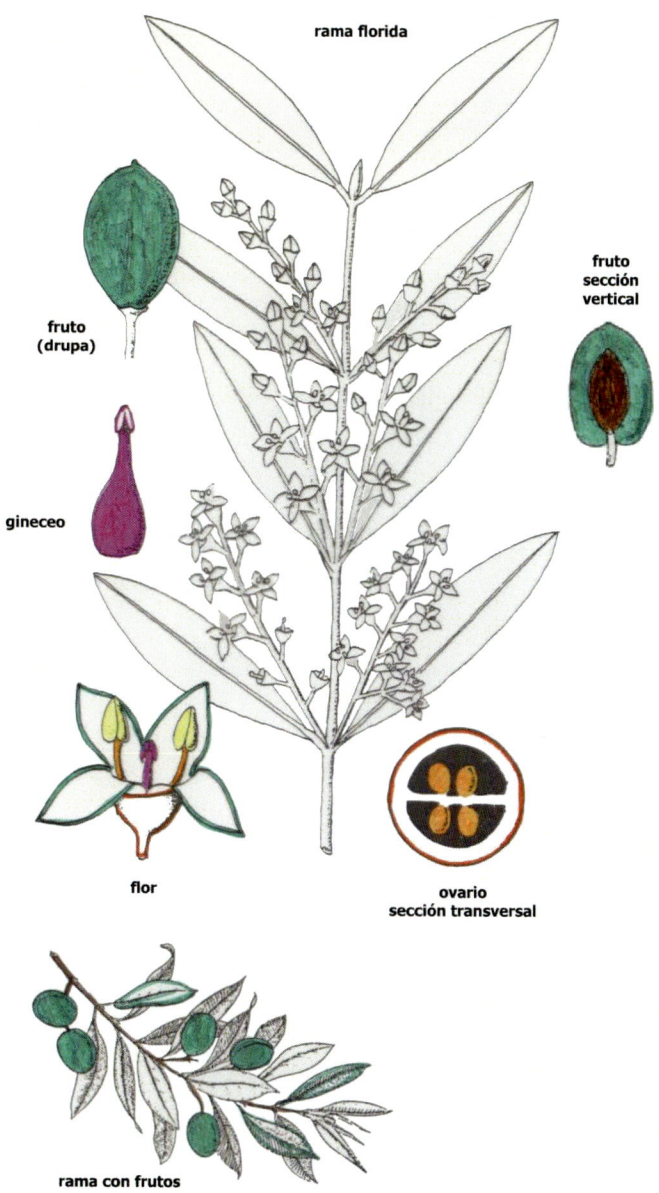

Figura 33.1. Oleáceas. *Olea europaea* (olivo).

FAMILIA OLEÁCEAS

(Familia de los olivos, fresnos, lilos)

ORDEN LAMIALES

Distribución geográfica

Familia con unas 600 especies ampliamente distribuidas por las regiones templadas y tropicales.

Caracteres diagnósticos

- Árboles y arbustos, caducifolios o perennifolios.
- Pelos escamosos peltados en el olivo, además de los normales, que dan tonalidad grisácea o plateada a las hojas y tallos jóvenes.
- Hojas generalmente opuestas, simples (olivo) o compuestas (fresno), sin estípulas (Figuras 33.1 y 33.2).
- La inflorescencia es básicamente un dicasio (ramificación continuada por dos ramas laterales del mismo orden). Generalmente modificada en forma de racimo o panícula.
- Flores bisexuales, raramente unisexuales. Formadas:
  - 4 sépalos libres o soldados, algunas veces ausentes.
  - 4 pétalos libres o soldados, algunas veces ausentes.
  - 2 o 4 estambres soldados a los pétalos.
  - Ovario súpero, bicarpelar y sincárpico, con pocos primordios seminales y el estilo simple con estigma entero, bífido o bilocado.
  - Fórmula floral: * K(4) [C(4) A2] G($\underline{2}$).
- Fruto variado en forma de cápsula, baya, nuez, drupa (olivo) o sámara (fresno), pueden ser secos o carnosos, dehiscentes o indehiscentes, con 1- 4 semillas.

Géneros más importantes y usos

Olea

Olea europaea – olivo (fruto comestible, aceite) (Figura 33.1)

Árbol perennifolio pequeño de crecimiento lento, copa redondeada y tronco grueso, que en los ejemplares viejos se retuerce y encorva. De origen mediterráneo, se cultiva en esa región desde tiempos inmemoriales por el interés de sus frutos, aceitunas, que pueden consumirse en fresco tras maceración en agua salada y calentamiento en hidróxido sódico para eliminar el glucósido amargo. Sin embargo, el principal interés reside en el aceite (aceite de oliva) que se extrae por prensado de la pulpa de las aceitunas, de color amarillento-dorado y rico en ácidos grasos no saturados. España es uno de los países productores más importantes del Mediterráneo. Hojas duras, envés blanquecino por la presencia de pelos escamosos peltados. Flores muy pequeñas, blancas, situadas en las axilas de las hojas. Fruto en drupa (Figuras 33.4-33.7).

Fraxinus

Fraxinus excelsior – fresno europeo (madera) (Figura 33.2B)

Árbol de unos 45 m de altura, con tronco corto y grueso. Hojas anchas. Flores sin pétalos ni sépalos. Florece en primavera antes de broten las hojas nuevas. Vive en bosques caducifolios húmedos, en suelos generalmente profundos y frescos. En la Península está muy extendido por el norte. Se cultiva como árbol ornamental. La madera es resistente y elástica, se emplea en ebanistería y para fabricar palos de jockey, tacos de billar, remos, etc.

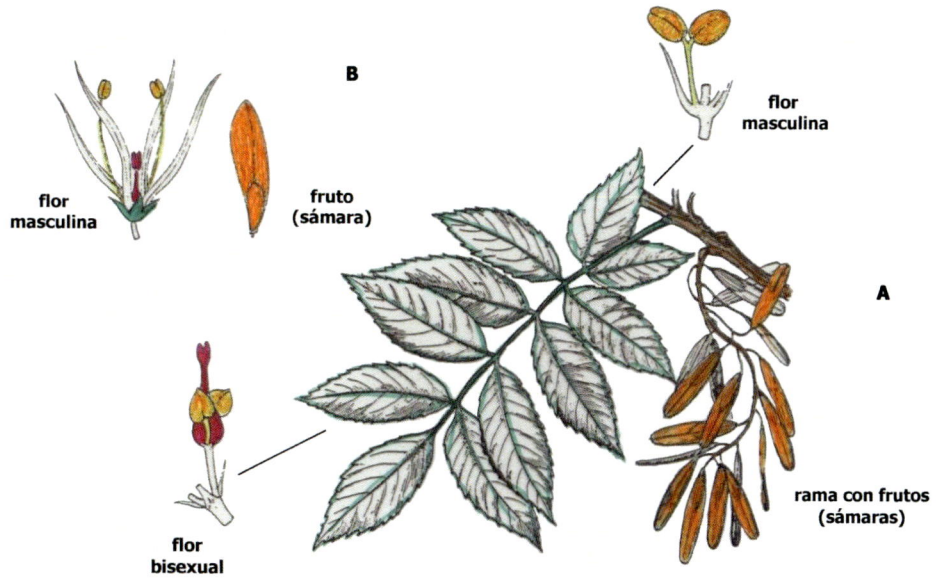

Figura 33.2. Oleáceas. (A) *Fraxinus ornus* (fresno florido).
(B) *Fraxinus excelsior* (fresno europeo).

Fraxinus ornus – fresno florido (ornamental) (Figura 33.2A)

Árbol de menor altura, hasta 20 m. Las flores nacen al mismo tiempo que las hojas o una vez formadas éstas y se disponen en grandes panículas terminales o axilares. Pétalos y sépalos presentes en número de 4. Fruto sámara. Vive en zonas umbrías de climas suave y poco seco en verano. Prefiere los suelos calizos y frescos, por lo que suele situarse en barrancos y torrenteras, llegando a formar bosquetes. Se cultiva como ornamental (Figura 33.8).

Jasminum

Jasminum officinale – jazmín de olor (ornamental)

Arbusto más o menos trepador. Flores blancas, muy perfumadas y de olor penetrante. Se cultiva como ornamental (Figura 33.9). La forma *grandiflorum* se cultiva para la obtención de esencia de jazmín, que es una de las más apreciadas en perfumería.

Jasminum fruticans – jazmín silvestre (Figura 33.10)

Syringa

Syringa vulgaris – lilo común (ornamental) (Figura 33.3)

Arbusto o pequeño árbol caduco de unos 2-5 m de altura. Hojas con forma de corazón. Flores lilas o blancas, dispuestas en largas inflorescencias de racimos de cimas (tirso). Fruto en cápsula. Cultivada como ornamental por sus flores, que despiden un agradable olor. Muy resistente, tanto al frío como al calor (Figura 33.11).

Figura 33.3. Oleáceas. *Syringa vulgaris* (lilo).

Figura 33.4. Olea europaea (olivo).

Figura 33.5. *Olea europaea* (olivo). Flor en desarrollo.

Figura 33.6. *Olea europaea* (olivo). Flor.

Figura 33.7. *Olea europaea* (olivo). Fruto (drupa).

Figura 33.8. *Fraxinus ornus* (fresno florido).

Figura 33.10. *Jasminum fruticans.*

Figura 33.9. *Jasminum officinale*
(jazmín de olor).

Figura 33.11. *Syringa vulgaris* (lilo).

CAPÍTULO 34

Familia ASTERÁCEAS

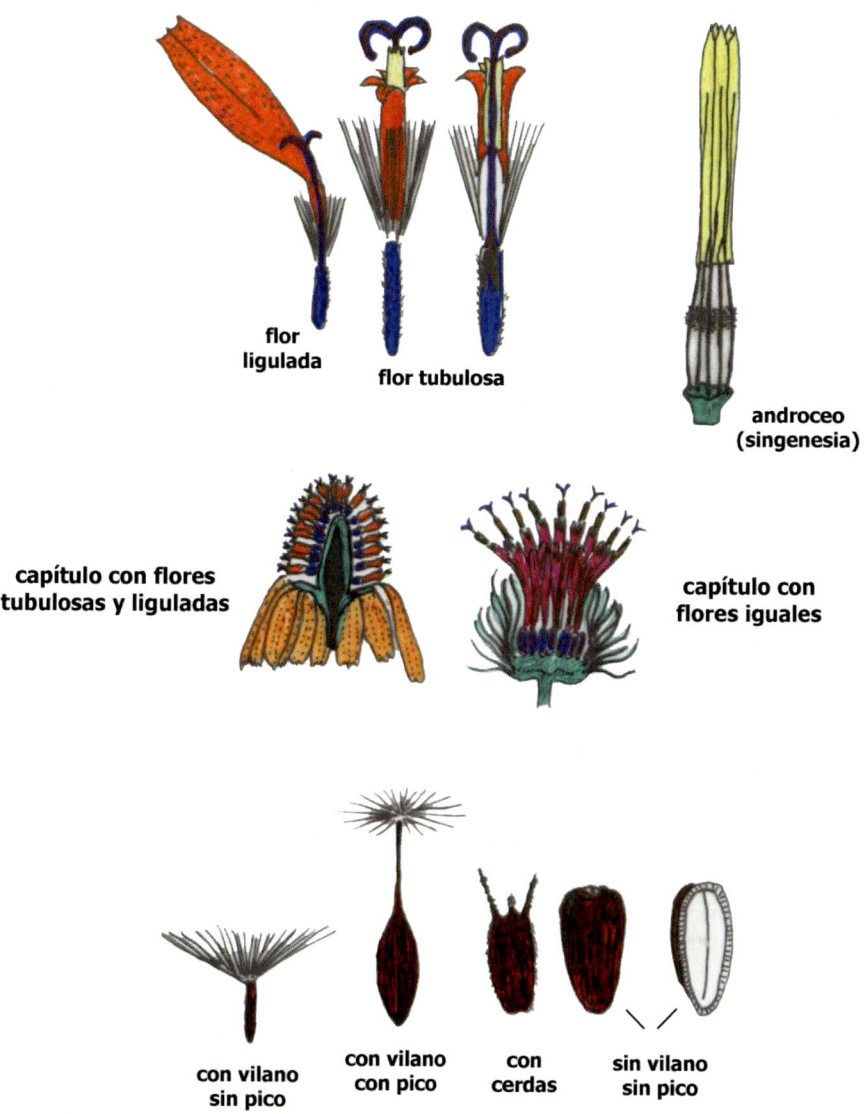

flor ligulada

flor tubulosa

androceo (singenesia)

capítulo con flores tubulosas y liguladas

capítulo con flores iguales

con vilano sin pico

con vilano con pico

con cerdas

sin vilano sin pico

FRUTOS EN AQUENIO

Figura 34.1. Asteráceas. Estructuras florales y frutos.

Familia ASTERÁCEAS (COMPUESTAS)

(Familia del girasol)

ORDEN ASTERALES

Distribución geográfica

Familia de distribución cosmopolita, si bien la mayoría se encuentran en las regiones templadas u subtropicales. Está considerada una de las familias más importantes de las dicotiledóneas, no sólo por ser el grupo más evolucionado y numeroso de las plantas superiores (unas 22 750 especies), sino por las múltiples aplicaciones que tienen para el hombre.

Caracteres diagnósticos

- Generalmente hierbas o arbustos.
- Flores en capítulos.
- Capítulo constituido por un involucro, formado por brácteas que rodean a un receptáculo plano, cóncavo o convexo, con o sin páleas (pelos o escamas), sobre el que se insertan las flores.
- Flores actinomorfas (tubulosas) o zigomorfas (liguladas).
- Capítulo con todas las flores iguales o con ambos tipos de flores.
- Las flores pueden ser estériles, unisexuales o hermafroditas. Cáliz transformado en un reborde anular, que frecuentemente se transforma en el vilano (Figuras 34.1 y 34.19).
  - Corola pentámera y concrescente.
  - Androceo: 5 estambres, con anteras soldadas en un tubo y filamentos libres (singenesia), insertos en la corola.
  - Gineceo ínfero, bicarpelar y unilocular.
  - El estilo pasa a través de las anteras y se hace bífido.
  - Fórmula floral Tubulosa: $* \, [C(5) \, A(5)] \, G(\overline{2})$.
  - Fórmula floral Ligulada: $\downarrow \, [C(5) \, A(5)] \, G(\overline{2})$.
- Fruto en aquenio. Provisto, a veces, en su ápice de las escamas o pelos procedentes del cáliz, el vilano, que ayuda a su diseminación por el viento.
- Semilla rica en aceite y proteínas.

Subfamilias y géneros más importantes y usos

Desde el punto de vista agronómico, y teniendo en cuenta la composición floral de la cabezuela, distinguimos dos subfamilias:

CICHORIOIDEAS (LIGULIFLORAS)

Todas las flores en lengüeta (Figuras 34.1 y 34.20).

Cichorium

Cabezuelas con involucro doble. Frutos sin vilano. Son plantas herbáceas con lígulas azules.

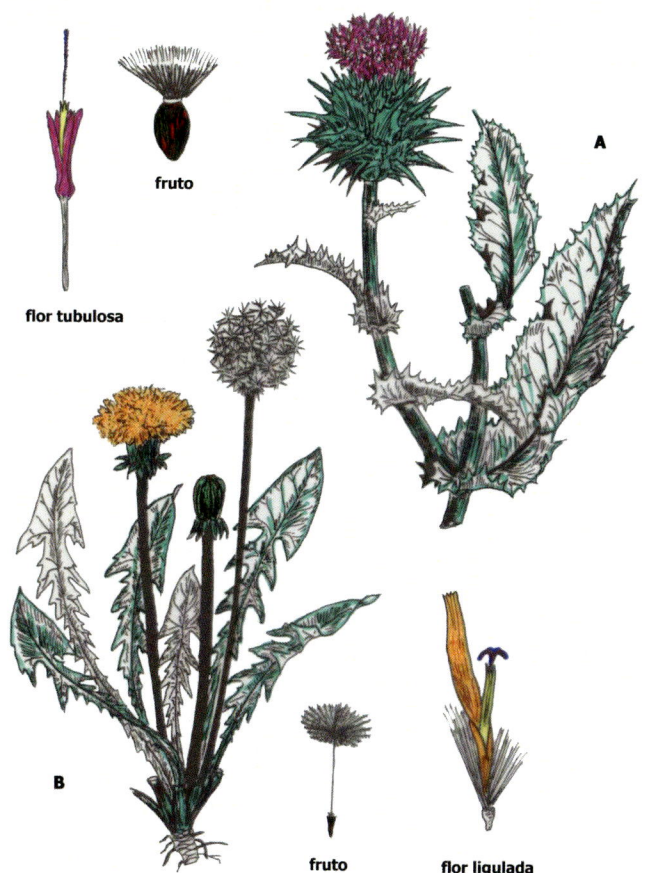

Figura 34.2. Asteráceas. (A) *Silybum marianum* (cardo de María).
(B) *Taraxacum officinale* (diente de león).

Cichorium intybus – achicoria (Figura 34.3C)

La raíz tostada y molida se utiliza como sucedánea del café, cultivándose para tal fin las variedades con raíces grandes (Figura 34.5).

Cichorium intybus var. *foliaceum* – endivia (verdura)

La parte comestible es la yema central, que se blanquea, evitando que le dé la luz, para eliminar el sabor amargo.

Cichorium endivia – escarola (verdura)

Las hojas son la parte comestible, pero cuando son verdes son muy amargas, por lo que se blanquean hasta que tienen un color amarillo pálido, y esto se consigue cubriéndolas para evitar que les de la luz.

Cichorium endivia var. *latifolia* – escarola lisa

Cichorium endivia var. *crispum* – escarola rizada

Lactuca

Lactuca sativa – lechuga (verdura)

Involucro de brácteas desiguales. Aquenios aplastados y con pico largo, con vilano de pelos sencillos. Planta anual, con látex. Flores amarillas. Hojas en roseta comestibles. Se cultivan distintas variedades de lechuga (Figuras 34.6 y 34.7).

Taraxacum

Taraxacum officinale – diente de león, taraxacón o achicoria amarga (Figura 34.2B)

Del griego *taraxis*, desorden. Planta acaule. Cabezuelas amarillas, solitarias. Involucro de varias filas de brácteas desiguales. Aquenios con pico largo y con vilano. Las flores y las raíces son usadas como diurético, y las hojas se comen en ensaladas.

ASTEROIDEAS (TUBIFLORAS)

Todas las flores en tubo, o bien, las del centro tubulosas y las de la periferia liguladas (Figuras 34.1, 34.11 y 34.17).

Cynara

Cynara cardunculus – cardo (verdura)

Planta herbácea perenne mediterránea. Se cultiva por los pecíolos que se consumen como verdura y para cuajar la leche en el proceso de elaboración del queso (Figuras 34.8 y Figura 34.9).

Cynara cardunculus var. *scolymus* (*Cynara scolymus*) – alcachofa (capítulo comestible) (Figura 34.3A)

Originaria del área mediterránea. No se ha encontrado en estado silvestre y se cree que deriva del cardo. Las alcachofas son las cabezuelas de la planta, de grandes brácteas, en parte coriáceas y en parte comestibles, lo mismo que el receptáculo y los gruesos pedúnculos. Alcanzan hasta 1 m de altura y el capítulo del tallo principal es el de la alcachofa, que madura con anterioridad a los tallos segundarios. Las flores son bisexuales y de color violáceo. Por su contenido en inulina se emplean en regímenes de adelgazamiento y para los diabéticos (Figura 34.10).

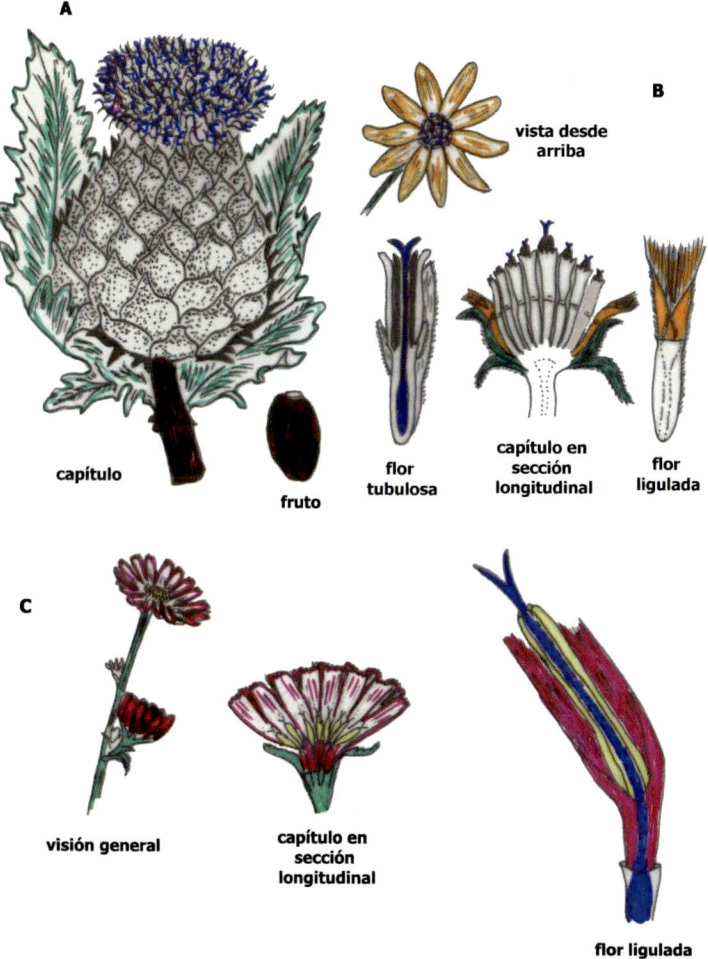

Figura 34.3. Asteráceas. (A) *Cynara cardunculus* var. *scolymus* (alcachofa). (B) *Helianthus decapetalus*. (C) *Cichorium intybus* (achicoria).

Helianthus

Del griego, *helio*, sol y *anthos*, flor, flor del sol (Figuras 34.3B y 34.4).

Helianthus annuus – girasol (aceite, pipas)

Planta anual de más de 2 m de altura. Capítulos solitarios, superando los 10 cm de diámetro. Brácteas del involucro en varias filas. Aquenio sin vilano. El cultivo del girasol se ha extendido muchísimo, gracias a la buena adaptación de la planta. Los frutos (pipas) contienen gran cantidad de aceite y proteínas, por lo que se emplean como oleaginosas y comestibles (Figura 34.11).

flores tubulosas

Figura 34.4. Asteráceas. *Helianthus annuus* (girasol).

Matricaria

Matricaria chamomilla – manzanilla común (medicinal)

Receptáculo cónico-alargado y hueco en la fructificación. Involucro de brácteas en varias filas, con los extremos finos, secos y transparentes. Cultivada por sus propiedades medicinal.

Artemisia

Cabezuelas pequeñas, numerosas, con pocas flores. Aquenios sin vilano. Plantas que exhalan un fuerte olor.

Artemisia absinthium – ajenjo

Se cultiva por sus propiedades tónicas, antitérmicas y emenagogas. También entra en la composición del vermouth y otras bebidas amargas por su olor y sabor amargo (Figura 34.12).

Artemisia abrotanum – abrótano macho (medicinal)

Se emplea para preparar una loción alcohólica de propiedades tónico-capilares.

Artemisia dracunculus – estragón (condimento)

Planta natural del sur de Rusia. Se cultiva como planta aromática y se emplea como especia y condimento.

Silybum

Involucro con brácteas grandes terminadas en una gran espina.

Silybum marianum – cardo de María (medicinal) (Figura 34.2A)

Originaria de la región mediterránea. Planta anual de tallo alto y ramoso, portador de hojas sésiles, alternas, manchadas y picantes. Capítulos solitarios de flores violáceas. Aquenios con vilano. Hojas y raíces se empleaban por sus propiedades medicinales (Figura 34.13).

Jasonia

Jasonia glutinosa – té de Aragón o té de roca (medicinal)

Planta rupícola y muy viscosa. Receptáculo plano. Lígulas escasas. Aquenios cilíndricos con vilano. En infusión se utiliza como un excelente remedio estomacal.

Arnica

Arnica montana (medicinal)

Crece silvestre en los Pirineos. Cabezuelas grandes con lígulas amarillo-anaranjadas. Brácteas iguales en dos filas. Las flores y la raíz se emplean para obtener una tintura alcohólica contra las heridas (vulneraria). Es planta turbícola y calcífuga.

Centaurea

500 especies. Brácteas del involucro espinosas. Aquenios con o sin vilano. Son muy comunes en España, particularmente en la región mediterránea.

Centaurea aspera – centaurea de tres espinas (Figuras 34.14 y 34.15)

Centaurea cyanus – azulejo (campos de cultivo y ornamental)

Centaurea calcitrapa – espinosa y ruderal viaria

Centaurea boissieri – endemismo valenciano (Castellón)

Helichrysum

Del griego, *helios*, sol y *chrysos*, oro, sol de oro.

Helichrysum stoechas – siempre viva

Brácteas del involucro en varias filas escariosas y doradas, muy brillantes. Receptáculo desnudo. Aquenios sin vilano. Planta herbácea típica del matorral mediterráneo (Figuras 34.16 y 34.17).

Chrysanthemum

Del griego, *chrysos*, oro y *anthemon*, flor, flor de oro, flor dorada.

Chrysanthemum sinense – crisantemo

Oriunda de China y Japón. Receptáculo cónico y flores liguladas de varios colores (blanco, amarillo, púrpura, etc.). Brácteas del involucro en varias filas, con los extremos finos, secos y transparentes. Aquenios alados. Se cultiva por su simbolismo funerario.

Senecio

Del latín, *senecis*, anciano. Unas 400 especies, muy utilizada en jardinería.

Senecio vulgaris

Cabezuelas cilíndricas con una fila de brácteas, soldadas en la base y con calículo. Se utiliza en jardinería.

Bellis

Del latín, *bellus*, hermoso.

Bellis perennis

Receptáculo cónico y cabezuelas solitarias. Involucro con dos filas de brácteas. Lígulas blanco-rosadas. Es una de las margaritas espontáneas y usada. en jardinería (Figura 34.18).

Ambrosia

Del griego, *ambrosios*, que da la inmortalidad.

Ambrosia maritima

Común en las costas del litoral mediterráneo. Planta vellosa, aromática y excitante (afrodisíaca).

Figura 34.5. *Cichorium intybus* (achicoria). Inflorescencia en capítulo.

Figura 34.6. *Lactuca sativa* (lechuga). Distintas variedades.

Figura 34.7. *Lactuca sativa* (lechuga).

Figura 34.8. *Cynara cardunculus* (cardo).

Figura 34.9. *Cynara cardunculus* (cardo). Inflorescencia en capítulo.

Figura 34.10. *Cynara cardunculus* var. *scolymus* (alcachofa).

Figura 34.11. *Helianthus annuus* (girasol).

Figura 34.12. *Artemisia absinthium* (ajenjo).

Figura 34.13. *Silybum marianum* (cardo de María). Inflorescencia y detalle de la hoja.

Figura 34.14. *Centaurea aspera* (centaurea de tres espinas).

Figura 34.15. *Centaurea aspera* (centaurea de tres espinas). Inflorescencia en capítulo.

Figura 34.16. *Helichrysum stoechas* (siempre viva).

Figura 34.17. *Helichrysum stoechas* (siempre viva). Inflorescencia en capítulo.

Figura 34.18. *Bellis perennis.*

Figura 34.19. *Sonchus tenerrimus* (cerraja menuda). Capítulo con todas las flores liguladas.

Figura 34.20. *Sonchus tenerrimus* (cerraja menuda). Fruto (aquenio con vilano).

CAPÍTULO 35

Familia APIÁCEAS

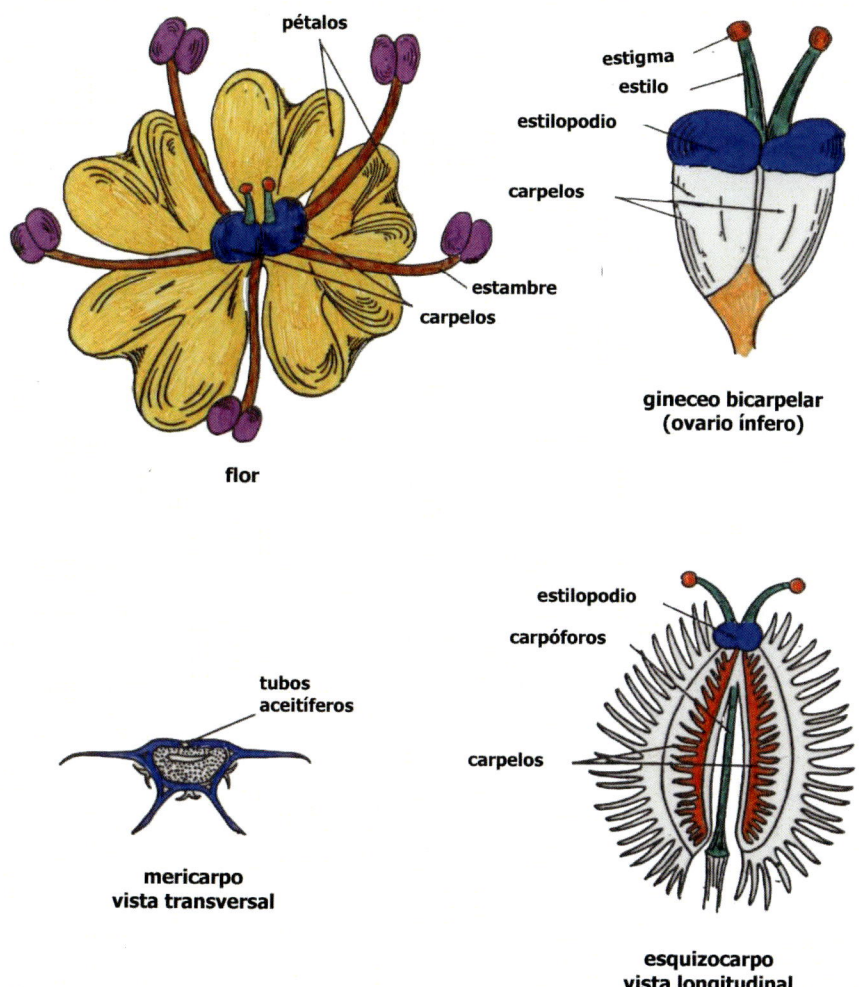

Figura 35.1. Apiáceas. Estructuras florales y fruto.

Familia Apiáceas (Umbelíferas)

(Familia de la zanahoria)

ORDEN APIALES

Distribución geográfica

Familia muy importante con unas 3500 especies, distribuidas por casi todo el mundo, con amplia representación en las regiones templadas.

Caracteres diagnósticos

- La mayoría son herbáceas anuales, bianuales o perennes.
- La presencia de canales óleo-resinosos en los tallos y en los frutos confiere a la planta olores característicos.
- Tallos con nudos manifiestos y entrenudos huecos.
- Hojas alternas, sin estípulas, repetidamente divididas y con una vaina ensanchada que rodea al tallo.
- Flor (Figura 35.1):
    - 5 pétalos con una punta encorvada hacia dentro.
    - 5 estambres libres.
    - Cáliz muy reducido.
    - Ovario ínfero con 2 carpelos, el carpelo lleva en su extremo un "estilopodio" (el disco) que actúa como un nectario, y sobre él los estilos.
    - Fórmula floral: * K5 C5 A5 G(2).
- Inflorescencia predomina la umbela compuesta (Figura 35.2).
- Fruto en esquizocarpo, variados en su forma: con costillas, alas, espinas, etc. (Figura 35.3).

Géneros más importantes y usos

Una de las características más notables de las apiáceas es la gran variedad de aplicaciones de las distintas especies, desde alimentos y forrajes hasta especias, venenos y perfumes.

Daucus

Daucus carota – zanahoria (verdura)

Las zanahorias ya eran conocidas por los griegos y romanos, y actual- mente se cultivan en todo el mundo. Probablemente originarias de Asia menor. La planta es bianual, pero se cultiva como anual. Las raíces, engrosadas, de coloración variable por la presencia de carotenos, son un alimento importante que sirve también de forraje para los animales. Son una fuente rica de vitamina A y presentan un elevado contenido de azúcares. Las hojas son basales, pinnadas, muy divididas. Inflorescencia terminal de flores blancas, con la flor central de la umbela de color rojo o púrpura (Figuras 35.5-35.8).

Pastinaca

Pastinaca sativa – chirivía (verdura)

De origen euroasiático y, al igual que la zanahoria, conocida por griegos y romanos. Planta cultivada como anual, si bien en estado silvestre es bianual. Era una hortaliza muy importante antes de la introducción de la patata. Las raíces engrosadas también son utilizadas como verdura y para forraje. Las hojas son grandes, pinnadas, con foliolos ovados, lobulados y dentados. Umbelas de flores pequeñas de color amarillo.

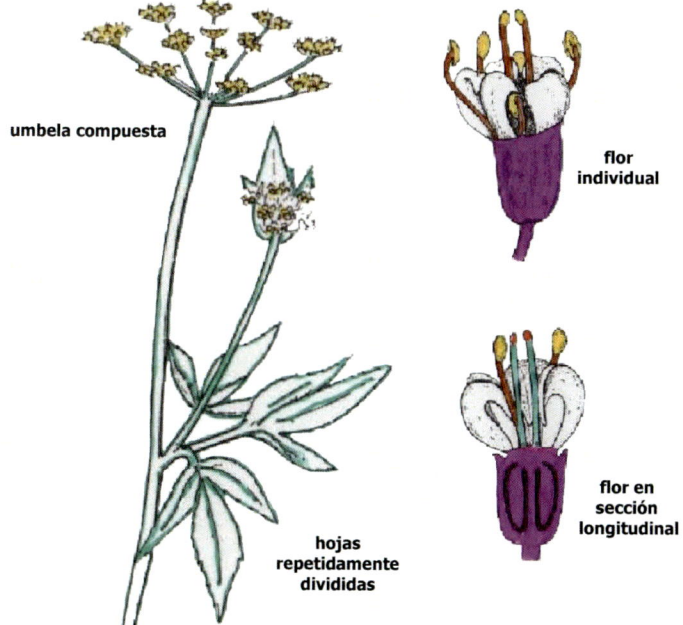

umbela compuesta

flor individual

flor en sección longitudinal

hojas repetidamente divididas

Figura 35.2. Apiáceas. Inflorescencias.

Apium

Apium graveolens – apio (verdura)

Planta bianual de cultivo anual que se emplea con fines culinarios. Se cree que es originaria del área mediterránea. Hojas basales, pinnadas y peciolos (pencas) suculentos, densamente apretados, que son la parte comestible. Inflorescencia de color blanco verdoso.

Foeniculum

Foeniculum vulgare – hinojo (medicinal, aromática, verdura)

Planta bianual que alcanza unos 2 m de altura, originaria de la cuenca mediterránea. Tallo erguido y estriado con hojas alternas muy divididas en segmentos filiformes. Flores amarillas. Algunas variedades se cultivan con fines medicinales y como aromáticas, mientras que otras lo hacen para consumirlas como verdura, ya que presentan la base del peciolo ensanchada y carnosa, a modo de bulbo. Toda la planta exhala un aroma agradable (Figuras 35.9-35.12).

FRUTOS APIÁCEAS (ESQUIZOCARPOS)

Figura 35.3. Apiáceas. Morfología de frutos.

Petroselinum

Petroselinum crispum – perejil (condimento)

Planta originaria del Mediterráneo oriental, bianual, de larga raíz engrosada. El primer año produce una roseta de hojas basales divididas hasta tres veces y el segundo, se desarrollan los tallos florales que pueden alcanzar el metro de altura. Flores amarillas. Se cultiva para el consumo de sus hojas como condimento, y además es una fuente importante de vitamina C (Figuras 35.13-35.16).

Anethum

Anethum graveolens – eneldo (semillas, especias)

Originario del Mediterráneo oriental. Planta herbácea anual de tallo ramificado que puede sobrepasar el metro de altura. Las hojas escasas, doblemente pinnadas, huecas al igual que el tallo. Flores amarillas. Actualmente se cultiva no sólo en jardines y huertos privados, sino también a gran escala con fines comerciales. Es un ingrediente fundamental en la conservación de pepinillos en vinagre.

A **B**

Figura 35.4. Apiáceas. (A) *Pimpinella anisum* (anís). (B) *Conium maculatum* (cicuta).

Cominum

Cominum cyminum – comino (semillas, especias)

Planta anual del mediterráneo utilizada desde antiguo como aromática y digestiva. Las hojas muy divididas en segmentos filiformes. Flores blancas o rosadas. Se utiliza en la industria licorera para aromatizar bebidas y en la elaboración de pan y queso. A finales del siglo XI, los cominos eran muy abundantes en Andalucía, sin duda traídos del Próximo Oriente por los musulmanes, por ello en algunos lugares se añade al típico gazpacho andaluz.

Carum

Carum carvi – alcaravea (semillas, especias)

Planta anual o vivaz, con raíz profunda coronada por una roseta de hojas divididas y por un tallo ramificado, rematado por una umbela compuesta de flores blancas. La alcaravea es, sin duda, el condimento más antiguo utilizado en Europa, apareciendo en las excavaciones arqueológicas del neolítico. Sus frutos se utilizan en la industria licorera, así como para dar sabor al pan, queso y pasteles.

Pimpinella

Pimpinella anisum – anís (especias, aromatizante de bebidas) (Figura 35.4A)

El anís es una hierba anual, esbelta y muy aromática. Tallo redondeado, acanalado, ramificado en la cima, llegando a alcanzar los 50 cm de altura. Las hojas inferiores son pecioladas, reniformes orbiculares, las superiores son pinnadas. Inflorescencia de flores blancas. Las semillas se utilizan para aromatizar dulces, conservas, salsas y bebidas alcohólicas.

Coriandrum

Coriandrum sativum – cilantro (condimento)

Planta herbácea anual, de 80 cm de altura, posiblemente originaria del norte de África, y actualmente cultivada en climas templados. Hojas de dos tipos, las inferiores pinnadas, que se secan pronto, y las superiores divididas en segmentos lineales. Flores blancas o rosadas. Los frutos maduros desprenden un olor agradable, al contrario de los inmaduros y las umbelas que recuerdan a las chinches (Figura 35.17).

Conium

Conium maculatum – cicuta (veneno) (Figura 35.4B)

Nativa de Europa, Asia y norte de África, de donde pasó a otros lugares, incluso a América. Planta herbácea bianual de tallo alto, acanalado y ramificado, salpicado de manchas violáceas (púrpura) en su base. Hojas pinnadas, muy divididas. Flores blancas. Cuando se estrujan las hojas o la planta se marchita desprenden olor a ratón. Crece de forma silvestre en herbazales nitrófilos. Todas las partes de la planta son venenosas, contienen alcaloides de piperidina, principalmente coniina, un alcaloide líquido y volátil, así como coniceína, conhidrina y otros. Los frutos verdes contienen la mayor concentración de alcaloides. Los síntomas de intoxicación son náuseas, vómitos, dolores abdominales, provocando parálisis muscular y la muerte. El envenenamiento es debido, por lo general, a un error tras haber ingerido diferentes partes de la planta creyendo que se trataba de hojas de perejil, raíz de chirivía o semillas de anís. Sócrates fue condenado a muerte y obligado a beber un veneno que contenía cicuta.

Figura 35.5. *Daucus carota* (zanahoria). Inflorescencia en umbela compuesta (reverso).

Figura 35.6. *Daucus carota* (zanahoria). Inflorescencia en umbela compuesta (anverso).

Figura 35.7. *Daucus carota* (zanahoria). Fruto (esquizocarpo).

Figura 35.8. *Daucus carota* (zanahoria). Raíz reservante.

Figura 35.9. *Foeniculum vulgare* (hinojo). Hojas repetidamente divididas.

Figura 35.10. *Foeniculum vulgare* (hinojo). Inflorescencia en umbela compuesta.

Figura 35.11. *Foeniculum vulgare* (hinojo). Inflorescencia en umbela compuesta.

Figura 35.12. *Foeniculum vulgare* (hinojo). Fruto (esquizocarpo).

Figura 35.13. *Petroselinum crispum* (perejil).

Figura 35.14. *Petroselinum crispum* (perejil rizado).

Figura 35.15. *Petroselinum crispum* (perejil). Inflorescencia en umbela compuesta.

Figura 35.16. *Petroselinum crispum* (perejil). Fruto (esquizocarpo).

Figura 35.17. *Coriandrum sativum* (cilantro). Inflorescencia en umbela compuesta.

Bibliografía

Castroviejo, S., Laínz, M., López González, G., Montserrat, P., Muñoz Garmendia, F., Paiva, J., Villar, L. (Eds.). (1986). *Flora ibérica* (Obra completa, 22 vols.). Madrid, Spain: Real Jardín Botánico–CSIC.

Ceballos, L., Ruiz de la Torre, J. (1979). *Árboles y arbustos de la España peninsular*. Madrid, Spain: Escuela Técnica Superior de Ingenieros de Montes–Fundación Conde del Valle de Salazar. ISBN 8460015416.

Evert, R. F. (2008). *Esau anatomía vegetal: Meristemos, células y tejidos vegetales de las plantas: Su estructura, función y desarrollo* (3.ª ed.). Barcelona, Spain: Omega. ISBN 9788428214438.

Evert, R. F., Eichhorn, S. E., Raven, P. H. (2012). *Raven biology of plants* (8th ed.). New York, NY: W. H. Freeman. ISBN 9781464113512.

Farrimond, S. (2020). *La ciencia de las especies: Orígenes de las especias y principios básicos para usarlas en la cocina*. London, England: Dorling Kindersley. ISBN 9780241433423.

Font Quer, P. (2000). *Diccionario de botánica: Seguido de un vocabulario ideológico en el que se ordenan conceptualmente las voces del diccionario*. Barcelona, Spain: Península. ISBN 8483073005.

Flora: El mundo secreto de las plantas. (2019). London, England: Dorling Kindersley. ISBN 9780241414385.

Fuentes Yagüe, J. L. (2001). *Iniciación a la botánica*. Madrid, Spain: Mundi-Prensa. ISBN 8471149869.

Glimn-Lacy, J., Kaufman, P. B. (2006). *Botany illustrated: Introduction to plants, major groups, flowering plant families* (2nd ed.). New York, NY: Springer. ISBN 9780387288703.

Gordon, U., Moore, R., Storey, R. (2001). *Principles of botany*. Boston, MA: McGraw-Hill Higher Education. ISBN 0072285923.

Heywood, V. H. (1996). *Flowering plants of the world*. London, England: B. T. Batsford. ISBN 071347422X.

Izco, J., Barreno, E. (2004). *Botánica* (2.ª ed.). Madrid, Spain: McGraw-Hill Interamericana de España. ISBN 8448606094.

Levetin, E., McMahon, K. (2020). *Plants and society* (8th ed.). New York, NY: McGraw-Hill Education. ISBN 9781260085112.

López González, G. (2007). *Guía de los árboles y arbustos de la Península Ibérica y Baleares (especies silvestres y las cultivadas más comunes)* (3.ª ed.). Madrid, Spain: Mundi-Prensa. ISBN 9788484763123.

Lúquez, C. V., Formento, C. L. (2023). *Botánica sistemática esencial: Familias de plantas con flor*. Luján de Cuyo, Argentina: Autor. ISBN 978610025179.

Lüttge, U., Kluge, M., Bauer, G. (1993). *Botánica*. Madrid, Spain: McGraw-Hill Interamericana. ISBN 8476159609.

Margulis, L., Schwartz, K. V. (1985). *Cinco reinos: Una guía ilustrada de los phyla de la vida en la Tierra*. Barcelona, Spain: Labor. ISBN 8433552171.

Masefield, G. B., Wallis, M., Harrison, S. G., Nicholson, B. E. (1980). *Guía de las plantas comestibles*. Barcelona, Spain: Omega. ISBN 8428205965.

Mauseth, J. D. (2003). *Botany: An introduction to plant biology* (3rd ed.). Sudbury, MA: Jones & Bartlett Publishers.

Mauseth, J. D. (2021). *Botany: An introduction to plant biology* (7th ed.). Burlington, MA: Jones & Bartlett Learning. ISBN 9781284157352.

Raven, P. H., Evert, R. F., Eichhorn, S. E. (2005). *Biology of plants* (7th ed.). New York, NY: W. H. Freeman and Company. ISBN 9780716710073.

Recasens, J. (2000). *Botànica agrícola: Plantes útils i males herbes*. Lleida, Spain: Edicions Universitat de Lleida / Institut d'Estudis Ilerdencs. ISBN 9788484090618.

Rost, T. L., Barbour, M. G., Stocking, C. R., Murphy, T. M. (2006). *Plant biology* (2nd ed.). Belmont, CA: Wadsworth. ISBN 0495013935, 0534380611.

Ruiz de la Torre, J. (2006). *Flora mayor*. Madrid, Spain: Organismo Autónomo de Parques Nacionales, Ministerio de Medio Ambiente. ISBN 9788480146609.

Simpson, M. (2020). *Plant systematics* (3rd ed.). London, England: Academic Press. ISBN 9780128126295.

Stern, K. R., Bidlack, J. K., Jansky, S. H. (2008). *Introductory plant biology* (11th ed.). Boston, MA: McGraw-Hill. ISBN 9780071102179.

Strasburger, E., Noll, F., Schenck, H., Schimper, A. (2004). *Tratado de botánica* (35.ª ed., actualizada por P. Sitte, E. W. Weiler, J. W. Kadereit, A. Bresinsky, & C. Körner). Barcelona, Spain: Omega. ISBN 8428213534.

Takhtadzhian, A. L., Leonovich, A. (2009). *Flowering plants* (2nd ed.). New York, NY: Springer. https://doi.org/10.1007/978-1-4020-9609-9

The Angiosperm Phylogeny Group. (1998). An ordinal classification for the families of flowering plants. *Annals of the Missouri Botanical Garden, 85*, 531–553. https://doi.org/10.2307/2992015

The Angiosperm Phylogeny Group. (2003). An update of the Angiosperm Phylogeny Group classification for the orders and families of flowering plants: APG II. *Botanical Journal of the Linnean Society, 141*, 399–436. https://doi.org/10.1046/j.1095-8339.2003.t01-1-00158.x

The Angiosperm Phylogeny Group. (2009). An update of the Angiosperm Phylogeny Group classification for the orders and families of flowering plants: APG III. *Botanical Journal of the Linnean Society, 161*(2), 105–121. https://doi.org/10.1111/j.1095-8339.2009.00996.x

The Angiosperm Phylogeny Group. (2016). An update of the Angiosperm Phylogeny Group classification for the orders and families of flowering plants: APG IV. *Botanical Journal of the Linnean Society, 181*(1), 1–20. https://doi.org/10.1111/boj.12385

Glosario

A

Acampanado, da. Con forma de campana.

Acanalado, da. Provisto de uno o varios canales.

Acaule. Que carece de tronco aparente.

Acícula. Aguijón fino no punzante.

Acicular. Con forma de acícula.

Acintado, da. Dícese de las hojas, pétalos, etc., alargados y con los bordes paralelos a modo de una cinta.

Acopado, da. Con forma de copa.

Acorazonado, da. Con forma de corazón.

Actinomorfo, fa. Dícese de la flor que tiene dos o más planos de simetría. Se opone a zigomorfo.

Adventicio, cia. Todo órgano que nace fuera de su sitio. Dícese también de las plantas que no son propias de la localidad, sino que han sido traídas accidentalmente por el hombre o cualquier otra circunstancia fortuita. Cuando se aclimatan y resisten la competencia de las demás plantas se dice que se han naturalizado.

Aéreo, rea. En botánica se llama así al órgano que se desarrolla en el aire, en lugar de la tierra o el agua.

Agudo, da. Acabado en ángulo agudo o en punta.

Aguijón. Tricoma rígido y punzante de origen exclusivamente epidérmico.

Ala. Formación laminar que aparece en ciertos órganos. También se llama así a cada uno de los dos pétalos laterales de las corolas papilionoideas (fabáceas).

Alado, da. Provisto de alas.

Alcaloide. Sustancia orgánica nitrogenada de origen vegetal con acción fisiológica intensa en las personas y animales, aun a bajas dosis.

Alóctono, na. Dícese de las plantas que no son nativas del país en que crecen.

Alterno, na. Inserto a uno y otro lado del tallo en diferentes nudos.

Amentáceo, cea. En forma o con aspecto de amento.

Amentiforme. Con forma de amento.

Amento. Racimo de flores sentadas o subsentadas, generalmente unisexuales.

Amplexicaule. Que abraza al tallo.

Analgésico, ca. Dícese de la sustancia capaz de aliviar o suprimir toda sensación dolorosa.

Androceo. Conjunto de los órganos masculinos de la flor.

Anemófilo, la. Dícese de las plantas cuya polinización se efectúa por el viento.

Angiospermas. Dícese de los vegetales que tienen las semillas encerradas en un recipiente o fruto, que es el ovario. Se opone a gimnospermas.

Anillado, da. Dícese del tronco de algunas palmeras en que las cicatrices de las hojas dejan marcas de forma anular.

Antera. Parte superior del estambre que contiene el polen.

Antesis. Apertura de las flores.

Anthophyta. Ver antófito.

Antiséptico, ca. Dícese de la sustancia capaz de impedir la difusión microbiana.

Antófito. Plantas con flores. Es sinónimo de fanerógamas.

Anual. Dícese de la planta que nace, se desarrolla, florece y fructifica durante un sólo período de crecimiento, cuya duración no pasa de un año, para morir después de madurar sus frutos.

Anular. Formando un anillo o con figura de anillo.

Aparasolado, da. En forma de sombrilla o paraguas.

Apétalo, la. Que carece de pétalos.

Apical. Relativo al ápice.

Ápice. Extremo superior.

Apocárpico, ca. Dícese de la flor, gineceo, fruto, etc., que tiene los carpelos separados, independientes, formando cada uno un ovario aparte. Se opone a sincárpico.

Aquenio. Fruto indehiscente, seco y monospermo, con el pericarpo no soldado a la semilla.

Aquillado, da. Aplícase a los órganos que tienen una parte prominente más o menos aguda, a modo de quilla.

Árbol. Vegetal leñoso al menos de 5 m. de altura con el tallo simple, denominado tronco, hasta la llamada cruz, en donde se ramifica y forma la copa. Tiene considerable crecimiento en grosor.

Arbusto. Vegetal leñoso de menos de 5 m. de altura, sin un tronco preponderante, que se ramifica a partir de la base. Los arbustos de menos de 1 m. de altura se suelen denominar matas o subarbustos.

Arilo. Protuberancia que se forma en la superficie de la semilla. Típico de las taxáceas.

Arista. Extremo delgado y rígido de algunos órganos vegetales.

Arquegonio. Gametangio femenino con pared pluricelular, propia de los briófitos y algunos cormófitos.

Arrosetado, da. Formando rosetas.

Arvense. Calificativo que se aplica a la vegetación que invade los cultivos. En general, son las llamadas "malas hierbas" que crecen entre los cultivos en competencia con la vegetación sostenida por el hombre.

Asépalo, la. Sin sépalos, que carece de cáliz.

Aserrado, da. Provisto de dientes agudos y próximos.

Asexual. Carente de sexo o que se efectúa sin el concurso de los sexos.

Asimétrico, ca. Elemento de desarrollo desigual a ambos lados de un eje.

Astringente. Dícese de la sustancia que produce constricción y sequedad.

Aurícula. Apéndice foliáceo normalmente de pequeño tamaño situado en la base del limbo, junto al pecíolo, que por su forma, recuerda a veces una orejita.

Auriculado, da. Que tiene aurículas.

Autóctono, na. Dícese de las plantas que crecen de manera natural en un país.

Autótrofo, fa. Dícese de los vegetales que, dotados de clorofila u otro pigmento análogo, son capaces de sintetizar los hidratos de carbono, no necesitando tomarlos ya constituidos.

Axonomorfo, fa. Dícese de la raíz cuyo eje principal está engrosado y los ejes secundarios están poco desarrollados con respecto al principal.

B

Baya. Fruto carnoso conteniendo generalmente varias semillas.

Bianual. Cada dos años. Sinónimo de bienal.

Bienal. Cada dos años. Sinónimo de bianual.

Bífido, da. Dividido en dos partes sin llegar a la mitad de su longitud.

Bilabiado, da. Dícese de cualquier órgano que se divide como una boca abierta.

Bilobulado, da. Que tiene dos lóbulos.

Bipinnado, da. Dos veces pinnado.

Bisexual. Que tiene los dos sexos. Sinónimo de hermafrodita.

Borde. Ver margen.

Botón. Sinónimo de yema floral.

Bráctea. Órgano foliáceo situado en la proximidad de las flores y distinto de las partes de éstas. La bráctea se encuentra en el eje principal.

Bractéola. Se llama así a la bráctea que se halla sobre un eje lateral de cualquier inflorescencia. Por ejemplo en el pedicelo de la flor.

Bulbo. Yema subterránea con los catafilos o las bases foliares convertidos en órganos de reserva.

Bulboso, sa. Dícese de la planta que tiene bulbos. Engrosado en la parte inferior a manera de bulbo.

C

Cabezuela. Inflorescencia formada por flores sentadas sobre un receptáculo más o menos plano. Es sinónimo de capítulo.

Cabillo. Palabra con que se indica el pedúnculo o pedicelo de las flores y frutos.

Caducifolio, lia. Dícese de las plantas que pierden sus hojas todos los años.

Caduco, ca. Dícese del órgano poco durable y caedizo.

Caedizo, za. Sinónimo de caduco.

Calículo. Conjunto de apéndices estipuláceos de los sépalos situados junto a la parte externa del cáliz, dando la impresión de un verticilo de sépalos suplementario. Sinónimo de epicáliz.

Cáliz. Verticilo externo de la flor.

Caña. Tallo hueco en su interior y con nudos manifiestos, como el de las poáceas (gramíneas).

Capítulo. Inflorescencia compuesta de flores sésiles sobre un eje corto y ancho, frecuentemente convexo. A veces se le denomina cabezuela.

Cápsula. Fruto seco y normalmente dehiscente.

Capsular. En forma de cápsula.

Capullo. Yema floral avanzada o a punto de abrirse.

Cariopsis (Cariópside). Fruto monospermo seco e indehiscente, semejante a la nuez o al aquenio, pero con el pericarpo delgado y soldado al tegumento seminal.

Carnoso, sa. Que tiene carne o la consistencia de la misma.

Carpelar. Relativo al carpelo.

Carpelo. Cada una de las hojas transformadas que componen el gineceo.

Carpóforo. En algunas plantas, porción alargada del tálamo portadora del fruto.

Catafilo. Se llama así a las hojas inferiores situadas entre los cotiledones y las hojas propiamente dichas. A menudo son escamiformes y suelen carecer de clorofila.

Caulifloro, ra. Dícese de las flores que nacen directamente del tronco.

Caulinar. Concerniente o relativo al tallo. Se opone a radical.

Cespitoso, sa. Dícese de la planta capaz de formar césped o similar.

Cica. Nombre popular dado de manera general a las plantas del orden Cicadales.

Ciliado, da. Que tiene cilios.

Cilio. Pelo pequeño y delgado.

Cima. Inflorescencia cuyo eje acaba en una flor, al igual que sus ramificaciones laterales.

Cimoso, sa. Relativo a la cima.

Cinorrodón. Fruto complejo, apocárpico, en el cual el receptáculo acopado se torna carnoso, encerrando numerosas núculas. Típico del género Rosa.

Clado. En biología, se llama clado a cada una de las ramas del árbol filogenético propuesto para agrupar a los seres vivos. Es decir, un clado se interpreta como un conjunto de especies emparentadas y con un ancestro común.

Colporado. Se aplica al grano de polen que tiene abertura mixta compuesta de un poro en el colpo. Se emplea con los prefijo mono-, di-, tri- etc, para expresar el número de aberturas.

Columna. Recibe esta denominación la unión del androceo y el gineceo de las orquídeas.

Compuesto, ta. Aplicado a las hojas, dícese de aquellas que se componen de uno o varios folíolos.

Cóncavo, va. Dícese de la línea o superficie curva que, respecto del que la mira, tienen su parte más deprimida en el centro.

Concrescente. Aplícase a los órganos que pudiendo hallarse separados, están unidos congénitamente.

Cono. Piña de los pinos. Es sinónimo de estróbilo.

Conspicuo, cua. Dícese de lo que es visible, sobresaliente. Se opone a inconspicuo.

Coriáceo, cea. De consistencia recia aunque con cierta flexibilidad, como el cuero.

Coricárpico. Sinónimo de apocárpico.

Corimbo. Inflorescencia con diversos pedúnculos que sitúan las flores al mismo nivel.

Cormo. Eje de las plantas superiores constituido por la raíz y el vástago, estando éste diferenciado en tallo y hojas.

Corola. Verticilo interno del perianto de las flores. La corola puede ser dialipétala o gamopétala, según que los pétalos que la componen se hallen completamente libres o sean más o menos concrescentes. Tanto en un caso como en el otro puede tener dos o más planos de simetría y se denomina actinomorfa, o sólo uno y se llamará zigomorfa.

Corteza. Parte externa de la raíz, tallo y ramas de la planta que se separa con mayor o menor facilidad de la parte interna, más dura.

Cosmopolita. Aplícase a los seres o especies animales y vegetales aclimatados a todos los países o que pueden vivir en todos los climas.

Cotiledones. La primera o cada una de las primeras hojas de la planta que se forman en el embrión.

Cultivar. Variedad de planta cultivada.

Cúpula. Envoltura que cubre total o parcialmente al fruto de las fagáceas. Acompaña a las bellotas.

Cupuliforme. De forma de cúpula.

D

Decusado, da. Insertos opuestos y colocados de manera que forman cruz con los de los nudos contiguos, inferior y superior.

Dehiscencia. Apertura espontánea de un órgano llegado un momento. En los frutos existen varios tipos de dehiscencia: loculicida, septicida, etc.

Dehiscente. Que se abre después de la madurez.

Dentado, da. Con dientes, por lo general cortos y rectos.

Diadelfo, fa. Se aplica a la flor, planta, androceo, etc., cuando los estambres están soldados por los filamentos en dos haces; a menudo todos soldados en un grupo menos uno que está suelto.

Dialipétalo, la. Con pétalos libres. Se opone a gamopétalo.

Diaquenio. Conjunto de dos aquenios.

Dicasio. Dícese de la inflorescencia cimosa que por debajo del ápice caulinar, que termina en una flor, se desarrollan dos ramitas laterales también floríferas. Ver Monocasio

Dicotiledóneas. Clase de angiospermas caracterizadas por el embrión con dos cotiledones, por una raíz principal con crecimiento secundario en grosor y por las hojas casi siempre pecioladas y con la nerviación reticulada. Se opone a Monocotiledóneas.

Dicótomo, ma. Dícese de la ramificación en que el punto vegetativo se divide en dos equivalentes, de manera que se produce una horcadura de ramas iguales.

Diente. Cada una de las divisiones poco profundas en el margen de la hoja, cáliz, etc.

Dioico, ca. Apliquese a los vegetales cuyos órganos sexuales se encuentran sobre diferentes pies, es decir hay individuos masculinos y femeninos.

Disámara. Sámara doble, como la de los arces.

Disco. Excrecencia anular, generalmente glandulífera, que forma el tálamo dentro de la flor.

Diseminación. Dispersión natural de las semillas.

Diurético, ca. Que aumenta la secreción de orina.

Doble. Hablando de la flor, dícese de la que tiene más pétalos de los normales, sean éstos de cualquier origen.

Dorsiventral. Sinónimo de zigomorfo.

Drupa. Fruto carnoso con un solo hueso. Se compone de un carpelo y procede de un ovario súpero.

Drupáceo. De aspecto de drupa.

E

Ectomicorrizas. Micorriza en la que el micelio fúngico no penetra en el interior de las células corticales de la raíz afectada, sino entre ellas, y además forma una envoltura (manto) alrededor de de las raíces.

Elaterio. Fruto sincárpico que, abriéndose bruscamente, lanza sus semillas a cierta distancia.

Elíptico, ca. Con forma de elípse.

Embrión. Primordio de la planta en el que aparecen ya esbozadas la raíz, el tallo y las hojas, junto con materia de reserva en los propios cotiledones o en tejidos nutricios adyacentes. Se halla encerrado en la semilla y puede permanecer en estado latente muchísimo tiempo.

Emenagogo, ga. Dícese de lo que estimula el flujo de la menstruación.

Emergencia. Ver aguijón

Emoliente. Sustancia que relaja y ablanda las partes inflamadas.

Endémico, ca. Oriundo del lugar en que se encuentra de forma natural. Se opone a naturalizado.

Endocarpo. Capa interna del pericarpo.

Endomicorrizas. Micorriza en la que las hifas fúngicas penetran en el interior de las células corticales de las raíces.

Endospermo, ma. Tejido interno de las semillas.

Enrodado, da. Con forma de rueda. Se aplica a las corolas gamopétalas actinomorfas con tubo muy corto y limbo patente que recuerdan la forma de una rueda.

Entero, ra. Órgano de bordes lisos, sin entrantes ni salientes.

Entomófilo, a. Dícese de la polinización realizada por insectos.

Entrenudo. Porción de tallo comprendida entre dos nudos consecutivos.

Envainador, ra. Que forma vaina y rodea parcial o totalmente un miembro u órgano de la planta.

Envés. Cara inferior de la hoja. Se opone a haz.

Envoltura. Involucro.

Epicáliz. Verticilo calicino suplementario. Calículo.

Epicarpo. Capa externa del pericarpo. Sinónimo de exocarpo.

Epífito, ta. Aplícase a las plantas que viven sobre otras plantas sin sacar de ellas ningún nutriente. Ver parásitas.

Epigeo, a. Aplícase a cualquier órgano vegetal que se desarrolla sobre el suelo.

Epígina. Dícese de la flor cuando el cáliz, corola y estambres se insertan sobre el gineceo por ser concrescentes con él (ovario ínfero).

Escama. Cada una de las piezas que configuran las piñas de las coníferas. Tiene otras aplicaciones, en general a cualquier órgano foliáceo de forma y consistencia parecida a las escamas de los peces y otros animales.

Escamiforme. De forma de escama.

Escamoso, sa. Provisto de escamas.

Espádice. Espiga simple o compuesta de raquis generalmente carnoso con las flores unisexuales e inconspicuas rodeadas por una espata.

Esparcido, da. Aplícase a las hojas, brácteas, etc. alternas, cuando es difícil observar el orden según el cual se suceden.

Espata. Bráctea amplia o par de brácteas que envuelven la inflorescencia o el eje florífero.

Espatiforme. Con forma de espata.

Especie. En la sistemática botánica, jerarquía comprendida entre el género o subgénero y la variedad o subespecie.

Espiciforme. En forma o con aspecto de espiga.

Espícula. Inflorescencia elemental típica de las poáceas (gramíneas). Consiste en una pequeña espiga formada por un eje corto en cuya base suelen haber dos brácteas estériles, llamadas glumas, y luego las flores, generalmente en escaso número y dispuestas en dos filas. Sinónimo de espiguilla.

Espiga. Inflorescencia simple de flores sésiles o casi sésiles, generalmente erectas. Se diferencia del racimo en que las flores carecen de pedicelo o lo tienen tan corto que se da por inexistente. Las poáceas (gramíneas) tienen espigas compuestas, que son espigas de espigas.

Espiguilla. Sinónimo de espícula.

Espina. Dícese del órgano endurecido y puntiagudo.

Espinoso, sa. Provisto de espinas.

Espiral. Ver helicoidal.

Espolón. Prolongación tubulosa y aguda situada en la base de los órganos foliares (sépalos, pétalos) de algunas flores. A veces es denominado espuela, que es diminutivo de espolón.

Espolonado, da. Provisto de un espolón o espuela.

Esporangio. Estructura productora de esporas.

Esporófilo. Dícese del órgano foliáceo, más o menos modificado, que lleva los esporangios.

Esporófito. En las plantas con alternancia de generaciones, la generación que presenta esporas asexuales. Se opone a gametófito.

Espuela. Ver espolón.

Esqueje. Fragmento de una planta que se introduce en un sustrato hasta formar una nueva planta.

Esquizocarpo. Fruto indehiscente originado por un gineceo de dos o más carpelos que, una vez maduro, se descompone en mericarpos.

Esquizógeno, na. Aplíquese a los espacios intercelulares originados por división de la membrana divisoria de dos células contiguas.

Estambre. Órgano masculino de la flor de las angiospermas.

Estaminal. Referente a los estambres.

Estaminodio. Estambre estéril que ha perdido su función.

Estaminoide. Con aspecto de estambre.

Estandarte. Pétalo superior de las corolas de las papilionoideas (fabáceas).

Estéril. Que no da fruto o no produce nada.

Estigma. Porción apical del carpelo que retiene al polen.

Estilo. Parte superior del ovario prolongada que acaba en uno o varios estigmas.

Estilopodio. En las apiáceas, base engrosada de los estilos.

Estipe. Sinónimo de estípite.

Estípite. Tronco de las palmeras. Sinónimo de estipe.

Estípula. Apéndice laminar que se presenta con frecuencia en la base de la hoja.

Estipuláceo, a. De la naturaleza de las estípulas o semejante a ellas.

Estolón. Brote lateral, más o menos delgado y a menudo muy largo, que nace de la base de los tallos, tanto si se arrastra por la superficie del suelo como si se desarrolla debajo de él, y que, enraizando, engendra nuevos individuos y propaga de manera vegetativa a la planta.

Estolonífero, ra. Dícese de la planta, rizoma, etc. que produce estolones.

Estoma. Abertura diminuta que aparece en la epidermis de los órganos verdes de las plantas superiores.

Estrellado. En forma de estrella.

Estróbilo. Formación fructífera de las coníferas. Sinónimo de cono y piña.

Eterio. Fruto complejo, apocárpico, formado por aquénios dispuestos sobre un receptáculo cónico y carnoso. Típico del género *Fragaria* (fresa).

Eudicot. Son las verdaderas dicotiledóneas. Engloba a la mayoría de las plantas que anteriormente habían sido llamadas dicotiledóneas, es decir, aquellas que presentan caracteres típicos de dicotiledóneas. Ver dicotiledóneas.

Exocarpo. Sinónimo de epicarpo.

F

Fanerófito. Conjunto de formas vegetales en que las yemas se elevan en el aire a más de 25 cm. del suelo.

Fanerógamo, ma. Comprende a aquellos vegetales que tienen una reproducción sexual aparente, con los órganos sexuales a la vista. Este vocablo está desechado hoy en día.

Fasciculado, da. Agrupado formando un hacecillo.

Fascículo. Haz o manojo. Si se habla de inflorescencias, cima muy contraída, aunque menos que el glomérulo.

Fecundación. Unión de dos células sexuales.

Festoneado, da. Con festones en el borde.

Filamento. Parte estéril y filiforme del estambre.

Filiforme. Con forma de hilo.

Filodio. Pecíolo ensanchado y foliáceo que hace las veces de hoja.

Flores irregulares. Las que no tienen planos de simetría.

Flores regulares. Las que tienen uno o varios planos de simetría. Las que sólo tienen un plano de simetría se denominan zigomorfas, mientras que las que tienen infinidad de planos de simetría se denominan actinomorfas.

Foliáceo, a. Con aspecto de hoja.

Foliar. Relativo a la hoja.

Folículo. Fruto monocarpelar, seco y dehiscente, que se abre por la sutura ventral, generalmente con varias semillas.

Folíolo. Cada una de las hojuelas de la hoja compuesta.

Forma. Categoría sistemática considera inferior a la variedad. De forma abreviada se escribe (f.).

G

Gálbula. Estróbilo redondeado, carnoso e indehiscente que encierra varias semillas en su interior. Es propio de enebros y sabinas.

Gametófito. En las especies que producen alternancia de generaciones, se llama así a la generación que produce células reproductoras sexuales (gametas). Se opone a esporófito.

Gamopétalo, la. Aplícase a la corola con pétalos concrescentes, soldados en una pieza. Se opone a dialipétalo.

Gimnospermas. Dícese de las plantas que tienen las semillas al descubierto, o por lo menos sin la protección de un verdadero pericarpo. Sin un fruto propiamente dicho. Se opone a angiospermas.

Gineceo. Conjunto de los órganos femeninos de la flor.

Glabro, bra. Desprovisto absolutamente de pelos.

Glande. Aquenio policarpelar envuelto alrededor de la base por una pieza acrescente llamada cúpula.

Glándula. Órgano uni o pluricelular que acumula y segrega sustancias.

Glandular. Provisto de glándulas o relativo a ellas..

Globoso, sa. Con aspecto esférico o de globo.

Glomérulo. Cima muy contraida de forma globosa.

Gluma. Cada una de las dos brácteas estériles que se hallan enfrentadas en la base de las espículas de las poáceas (gramíneas).

Glumela. Cada una de las dos brácteas escamiformes enfrentadas que rodean la flor de las poáceas (gramíneas). Se las denomina glumela inferior y superior. Sinónimo de glumilla.

Glumélula. Cada una de las dos escamitas que se encuentran junto a las glumelas en las flores de las poáceas (gramíneas). Sinónimo de lodícula.

Glumilla. Sinónimo de glumela.

H

Halófilo, la. Dícese de las plantas que viven en medios salinos.

Hastado, da. Puntiagudo y con dos lóbulos divergentes en su base, como las alabardas.

Haz. Parte superior de la lámina de la hoja. Se opone a envés. También significa manojo o fascículo de elementos alargados.

Helicoidal. Semejante a las vueltas de una hélice. Se utiliza refiriéndose a la disposición de las hojas sobre el tallo, o a la ordenación de las piezas florales sobre el tálamo.

Hendido, da. Dividido en lóbulos o lacinias.

Herbáceo, a. Que tiene aspecto de hierba. Planta herbácea por oposición a planta leñosa.

Hermafrodita. Con los dos sexos. Sinónimo de bisexual.

Hesperidio. Fruto constituido por carpelos cerrados, con el epicarpo rico en esencias y el endocarpo membranoso, revestido en su interior de numerosos tricomas repletos de jugo. Fruto propio de los cítricos.

Heterospóreo, a. Dícese de las plantas vasculares que forman macrósporas y micrósporas.

Hierba. Planta no lignificada, presentando consistencia blanda en todos sus órganos.

Hidrófito. Planta acuática, sumergida o flotante.

Hipanto. Tálamo ahondado de las flores con ovario ínfero.

Hipógina. Dícese de la flor cuando cáliz, corola y estambres se insertan en el tálamo por debajo del gineceo (ovario súpero).

Hirsuto, ta. Órgano vegetal cubierto de pelos rígidos y ásperos al tacto.

Hoja. Órgano que brota del tallo o ramas, con forma laminar y generalmente de color verde.

I

Imbricado, da. Dícese de las hojas y órganos foliáceos que estando muy próximos llegan a cubrirse por los bordes.

Imparipinnado, da. Hoja pinnada cuyo raquis acaba en un folíolo.

Inconspicuo, cua. Dícese del órgano o conjunto de órganos poco aparentes. Se opone a conspicuo.

Indehiscencia. Calidad de indehiscente.

Indehiscente. Que no se abre después de la maduración.

Indumento. Conjunto de pelos, glándulas, escamas, etc. que recubren a un órgano de la planta.

Infero, ra. Se aplica al ovario que ocupa una posición inferior con respecto a la flor. Es concrescente con el tálamo.

Inflorescencia. Agrupación de flores. Cuando una flor nace solitaria no hay inflorescencia, pues el término inflorescencia implica ramificación. Existen dos grandes grupos de inflorescencias, las racemosas y las cimosas.

Integumento. Sinónimo de tegumento.

Infrutescencia. Agrupación de frutos.

Inserción. Manera de disponerse las hojas sobre el tallo o las ramas.

Involucro. Conjunto de brácteas o apéndices foliáceos que rodean a las flores o a las inflorescencias en mayor o menor grado.

Irregular. Dícese del cáliz, corola, ovario, etc., que son asimétricos o zigomorfos.

L

Labelo. Especie de pétalo que forman los estaminodios petaloides de algunas plantas. En las orquídeas recibe este nombre el pétalo medio superior, normalmente de tamaño, forma y color diferente a los laterales.

Labiado, da. Dícese de la flor que tiene el cáliz o la corola provisto generalmente de dos labios. Bilabiado.

Lacinia. Segmento profundo y angosto de ápice agudo de cualquier órgano laminar.

Laciniado, da. Provisto de lacinias.

Lámina. Porción laminar de las hojas que se une al tallo por medio del pecíolo o directamente.

Laminar. En forma de lámina, como las hojas de la mayoría de las plantas.

Lampiño, ña. Sin pelos. Sinónimo de glabro.

Lanceolado, da. De forma de lanza.

Látex. Jugo lechoso blanquecino o amarillento por lo general, que brota de las heridas de numerosas plantas.

Laxante. Sustancia purgativa suave que no irrita el intestino.

Legumbre. Fruto seco, dehiscente, monocarpelar, que se abre por la sutura ventral y por el nervio medio del carpelo.

Lema. Se llama así a la glumela inferior de la espícula de las poáceas (gramíneas). Sinónimo de glumilla inferior.

Lenticular. Con forma de lenteja.

Leñoso, a. Con aspecto de leña, es decir, con los tejidos lignificados. Planta leñosa por oposición a planta herbácea.

Liana. Planta trepadora.

Lignificado, da. Aplícase a las membranas celulares en las que se ha depositado lignina, aumentando de volumen y de rigidez.

Lígula. Apéndice membranoso de naturaleza estipular. En los capítulos de las asteráceas (compuestas), cada una de las corolas gamopétalas y zigomorfas que poseen las flores de la periferia o de toda la inflorescencia.

Ligulado, da. Provisto de lígula.

Limbo. Porción laminar de la hoja. Es sinónimo de lámina. En las corolas gamopétalas, la parte libre de los pétalos que forma una orla en el extremo del tubo.

Lisígeno, na. Aplíquese a los espacios intercelulares, recipientes secretores, etc., producidos por desorganización de una o varias células.

Lobulado, da. Dividido en lóbulos.

Lóbulo. Gajo pequeño o poco profundo, y más o menos redondeado.

Loculicida. Dícese de la dehiscencia que se produce en un fruto cuando las hendiduras se originan a lo largo de los nervios medios de los carpelos.

Lodícula. Sinónimo de glumélula.

Lomento. Legumbre indehiscente con ceñiduras que se descompone en la madurez en fragmentos monospermos por dichas ceñiduras.

M

Macróspora. En las plantas heterospóreas, espora de gran tamaño, homóloga al saco embrional (gametofito femenino) de los antófitos. Se opone a micróspora.

Macrosporangio. Esporangio que produce macrósporas.

Macrosporofilo. Esporfilo que produce macrosporangios. En los antófitos son los carpelos. Se opone a microsporofilo.

Magnoliophyta. Ver antófito.

Marcescente. Dícese de los órganos (hojas, flores, cáliz, etc.) que se secan en la planta sin desprenderse.

Margen. Borde de la hoja.

Mata. Arbusto de poca altura o planta leñosa que no pasa de 50 cm. de altura.

Mazorca. Especie de espiga densa con frutos juntos y apretados, como en el maíz.

Megáspora. Sinónimo de macróspora.

Megasporangio. Sinónimo de macrosporangio.

Melífero, ra. Que tienen miel o néctar. Apliquése a las flores que atraen notablemente a las abejas.

Mericarpo. Se llama así a cualquiera de los fragmentos en que se descompone un fruto esquizocárpico

Mesocarpo. Parte media del pericarpo, comprendida entre el epicarpo y el endocarpo.

Micorriza. Unión íntima de la raíz de una planta con las hifas de determinados hongos.

Micropilar. Relativo o perteneciente al micrópilo.

Micrópilo. Abertura en el ápice de los tegumentos en los rudimentos seminales.

Micróspora. En las plantas heterospóreas, espora pequeña, es homóloga al grano de polen de los antófitos. Se opone a macróspora.

Microsporangio. Esporangio que produce micrósporas.

Microsporofilo. Esporofilo que produce microesporangios. En los antófitos son los estambres. Se opone a macrosporofilo.

Monoadelfo. Se aplica a la flor, planta, androceo, etc., cuando los estambres están soldados por los filamentos en un solo haz.

Monocarpelar. Ver monocarpo.

Monocarpo. Fruto constituido por una sola hoja carpelar.

Monocasio. Dícese de la inflorescencia cimosa en que por debajo del ápice caulinar, que termina en una flor, se desarrolla una ramita lateral también florífera. Ver Dicasio.

Monocotiledóneas. Clase de angiospermas caracterizadas por el embrión con un solo cotiledón, por sus raíces secundarias y adventicias, que no poseen crecimiento secundario en grosor, y por sus hojas casi siempre sésiles y de nerviación paralela. Se opone a Dicotiledóneas.

Monocots. Ver Monocotiledóneas.

Monoico, ca. Apliquése a los vegetales en los que los órganos sexuales están en flores distintas pero sobre el mismo pie.

Monopódico. Ramificación que consta de un eje principal en cuyo ápice se halla perdurablemente el punto vegetativo, y de cuyos lados arrancan ramificaciones secundarias. Es decir, el crecimiento del eje principal domina sobre los laterales. Se opone a simpódico.

Monospermo, ma. Con una sola semilla.

Mucilaginoso, sa. Que contiene mucílago.

Mucílago. Compuesto orgánico semejante a las gomas.

Multifloro, ra. Con muchas flores.

N

Napiforme. Aplícase a la raíz axonomorfa muy gruesa, semejante a la de los nabos.

Naturalizado, da. Aplícase a las plantas que, no siendo nativas de un país o lugar, medran en él y se propagan como si fueran autóctonas. Ver alóctonas.

Nectarífero, ra. Dícese de lo que tiene néctar o lo segrega.

Nectario. Órgano que produce néctar.

Nervadura. Conjunto y disposición de los nervios de una hoja. Sinónimo de nerviación.

Nerviación. Conjunto y disposición de los nervios de una hoja. Sinónimo de nervadura.

Nervio. Cada uno de los hacecillos fibrovasculares que se hallan en la lámina de la hoja y otros órganos de naturaleza foliar.

Nitrófilo, la. Aplícase a las plantas que viven en suelos ricos en nitrógeno.

Nomenclatura botánica. Se denomina así al conjunto de reglas y recomendaciones aplicables a la asignación de los nombres de las plantas. Están recogidas en el Código Internacional de Nomenclatura Botánica.

Núcula. Diminutivo de nuez.

Nudo. Punto de inserción de algún órgano apendicular al eje de la planta.

Nuez. Fruto simple y seco, indehiscente, normalmente monospermo.

O

Oblongo, ga. Más largo que ancho o excesivamente largo.

Ócrea. Conjunto de dos estípulas axilares membranosas, concrescentes totalmente por ambos bordes en una pieza que, rodeando y envolviendo el ápice caulinar cuando la hoja no se ha desarrollado por completo, es atravesado luego por el tallo, al que circunda a modo de una vaina. Es típica de la familia platanáceas.

Oleífero, ra. Que contiene aceite.

Ondulado, da. Formando ondas.

Opuesto, ta. Puesto enfrente.

Orbicular. Circular, redondeado.

Ovado, da. Con forma de huevo, con la parte más ancha en la base. Se aplica a órganos laminares.

Oval. Con forma de óvalo, de elipse poco excéntrica.

Ovalado, da. Oval.

Ovario. Parte basal del gineceo formado por carpelos y donde se encuentran los óvulos.

Ovoide. De figura de huevo. Se aplica a órganos macizos.

Óvulo. Gameto femenino inmóvil que se halla en el ovario.

P

Pálea. Término empleado en botánica de forma diversa para indicar órganos membranosos y laminares. Se utiliza a menudo para denominar a la glumela superior de las espículas de las poáceas (gramíneas). Sinónimo de glumilla superior.

Palmati- Prefijo usado para denotar que algo se dispone de manera divergente a partir de un punto, como los dedos de una mano abierta.

Palmaticompuesto, ta. Dícese de las hojas compuestas cuando sus folíolos surgen todos del ápice del pecíolo común.

Palmatinervio. Dícese de la hoja de nervadura palmeada, es decir, los nervios arrancan de un mismo punto y divergen como los dedos de una mano abierta. Sinónimo de palminervia.

Palmeado, da. De forma semejante a la mano abierta.

Palminervia. Ver palmatinervio.

Panícula. Inflorescencia compuesta en la que los ramitos van decreciendo de la base al ápice, dándole aspecto piramidal. Es un racimo de racimos.

Paniculado, da. Dispuesto en panículas.

Panicular. Propio de la panícula o concerniente a la misma.

Paniculiforme. En forma de panícula.

Papilionado, da. Dícese de las flores con corola semejante a una mariposa, como en el caso de ciertas fabáceas (leguminosas). Este tipo corresponde a flores dialipétalas zigomorfas pentámeras en que el pétalo posterior es de mayor tamaño y se denomina estandarte, los dos laterales se denominan alas y envuelven a los inferiores, que son más o menos concrescentes y constituyen la quilla.

Paralelinervio, via. Dícese de las hojas que tienen los nervios principales más o menos paralelos. Este tipo de nervadura es propio de las monocotiledóneas.

Parásito, ta. Dícese del vegetal heterótrofo que se nutre a expensas de organismos vivos, tanto animales como plantas. La víctima invadida es el hospedante.

Paripinnado, da. Dícese de la hoja pinnada cuyo raquis carece de folíolo terminal.

Partenocarpia. Fenómeno por el cual se forman frutos sin una fecundación previa. Por este motivo no se producen semillas o bien éstas son estériles.

Partido, da. Dícese de las hojas divididas en gajos que llegan por lo menos hasta la mitad de la distancia entre el borde de la lámina y el nervio medio, pero sin alcanzar a éste. Este término también se aplica a los cálices, corolas, etc.

Peciolado, da. Provisto de pecíolo.

Pecíolo. Rabillo que une la lámina de la hoja al tallo.

Peciólulo. Pecíolo que sostiene cada uno de los folíolos en una hoja compuesta.

Pedicelo. Dícese del cabillo de una flor en las inflorescencias. Cuando una flor nace solitaria el cabillo que las sostiene se denomina pedúnculo floral.

Pedunculado, da. Dotado de pedúnculo.

Pedúnculo. Cabillo de una flor de una inflorescencia. También se le aplica al cabillo que sostiene el fruto.

Pelo. Término aplicado a los tricomas de forma alargada a modo de hebra o cerda que se hallan en diversos órganos de las plantas.

Peloso, sa. Que tiene pelo. Ver pubescencia e hirsuto.

Peltado, da. Dícese de las hojas de lámina redondeada y con el pecíolo inserto en el centro.

Péndulo, la. Colgante.

Pentámero, ra. Constituido por 5 elementos.

Pepónide. Tipo de fruto sincárpico procedente de un ovario de 3-5 carpelos, carnoso, propio de la familia cucurbitáceas.

Perenne. Dícese del vegetal que vive tres o más años.

Perennifolio. Denominación de los árboles y arbustos verdes todo el año. Siempreverde.

Perianto (Periantio). Envoltura floral compuesta del cáliz, calículo y corola.

Pericarpo. Parte del fruto que rodea la semilla y la protege. Está formado por tres capas: epicarpo, endocarpo y mesocarpo.

Perígina. Dícese de la flor cuando el cáliz, corola y estambres están insertos en el tálamo, más o menos profundo, en torno al gineceo (ovario medio o semiínfero).

Perigonio. Que rodea a los órganos sexuales.

Pétalo. En la corola, cada una de las hojas que la componen.

Petaloide. Con aspecto de pétalo.

Pie. Término con que se designa de manera corriente el tronco de los árboles y plantas.

Pilosidad. Que tiene pelos.

Piloso, sa. Ver peloso.

Pinnado, da. Dícese de la hoja compuesta con folíolos a ambos lados del raquis.

Pinnatisecto, ta. Aplícase a cualquier órgano foliáceo de nervadura pinnada cuando tiene el margen tan profundamente dividido que los segmentos resultantes alcanzan el nervio medio.

Piña. Fruto del pino.

Piñón. Semilla de las piñas o estróbilos.

Piriforme. De forma parecida a una pera.

Pistilo. Usualmente sinónimo de gineceo. Carpelos que integran el gineceo.

Plúmula. En el embrión de las fanerógamas, se llama así a la yemecita apical situada entre los cotiledones.

Plurilocular. Dividido en varios compartimentos o lóculos.

Poliaquenio. Fruto constituido por numerosos aquenios. Es típico de ranunculáceas.

Polidrupa. Fruto agregado formado por la reunión de drupas sobre un receptáculo, como por ejemplo la zarzamora o la frambuesa.

Polifolículo. Fruto agregado formado por más de un folículo, originado por un gineceo apocárpico, como ocurre en las magnoliáceas.

Polimórfico, ca. Sinónimo de polimorfo.

Polimorfo, a. Con formas variadas.

Polinio. Masa de granos de polen que comprende la totalidad de los de cada teca. Típico de las orquidáceas.

Polinización. Acción y efecto de polinizar.

Polinizar. Hacer que llegue el polen desde la antera hasta el estigma o hasta la abertura micropilar se si trata de una gimnosperma.

Polispermo, ma. De muchas semillas.

Pomo. Fruto procedente de un ovario ínfero sincárpico, compuesto generalmente por 5 carpelos de consistencia coriácea y que encierra unas pocas semillas. En su formación juega un papel muy importante el tálamo floral, que en la madurez se transforma en un cuerpo carnoso que encierra al verdadero fruto. Típico de la subfamilia pomoideas (rosáceas).

Prefloración. Disposición respectiva de las hojas florales en el capullo. Es un caso particular de la foliación o vernación, sólo que la yema corresponde a una ramilla floral.

Primario, ria. Primero o principal en orden o grado.

Pseudobulbo. Se denomina así a la porción engrosada del tallo de una orquídea.

Pubescencia. Calidad de pubescente.

Pubescente. Dícese de cualquier órgano vegetal cubierto de pelo fino y suave.

Pulpa. Parte carnosa y a menudo jugosa de la fruta.

Puntiagudo, da. Acabado en punta.

Q

Quilla. Conjunto de los dos pétalos inferiores de las flores papilionoideas (fabáceas).

R

Racemoso, sa. En forma de racimo.

Racimo. Inflorescencia que consta de un eje indefinido a cuyos lados van brotando flores sobre pedicelos distantes. Del racimo se derivan la espiga, el espádice, la umbela y el capítulo.

Radiado, da. Con todo alrededor a modo de radios. Dícese del capítulo de muchas asteráceas (compuestas) con flores liguladas.

Radical. Concerniente o relativo a la raíz.

Radio. Cada uno de los pedicelos que forman la umbela simple o compuesta.

Raíz. Órgano de las plantas que crece en dirección contraria al tallo y que introducido en la tierra le sirve para absorber agua y nutrientes y como sostén.

Rama. Cada una de las partes en que se divide el tronco o tallo de una planta. Las ramas primarias se dividen en ramas secundarias, y éstas en ramos, que a su vez se dividen en ramillas.

Ramificación. Fenómeno por el cual se producen ramas a partir del eje caulinar o radical, o ramas secundarias, terciarias, etc.

Raquis. Nervio medio de las hojas compuestas sobre el que se insertan los folíolos.

Rastrero, ra. Dícese del tallo o rizoma que se tumba y crece apoyado en el suelo.

Receptáculo. Extremo más o menos dilatado del pedúnculo que constituye el asiento de las diversas flores de un capítulo. Parte axial de la flor sobre la que descansan los diversos verticilos de esta. Ver tálamo.

Regular. Con más de dos planos de simetría. Es equivalente a actinomorfo.

Reniforme. Con forma o figura de riñón.

Resina. Sustancia sólida o de consistencia pastosa, insoluble en el agua, soluble en el alcohol y en los aceites esenciales, y capaz de arder en contacto con el aire. Se obtiene de forma natural de varias plantas.

Resinífero, ra. Resinoso.

Resinoso, sa. Que tiene o destila resina.

Reticulado, da. En forma de retícula o como una red.

Rizoma. Se llama así a los tallos subterráneos, que carecen lógicamente de hojas y en su lugar pueden tener catafilos, normalmente en forma de membranas escamosas.

Rizomatoso, sa. Dícese de la planta provista de rizomas.

Rómbico, ca. Con forma de rombo.

Roseta. Dícese de las hojas que se disponen muy juntas en el tallo a causa de la brevedad de los entrenudos, formando a modo de una rosa.

S

Sámara. Aquenio provisto de una producción membranosa en forma de ala para facilitar su dispersión.

Semilla. Embrión en estado de vida latente acompañado o no de tejido nutricio y protegido por cubiertas. Procede del rudimento seminal.

Seminal. Relativo a la semilla.

Sentado, da. Es sinónimo de sésil.

Sépalo. Cada una de las hojas modificadas que componen el cáliz.

Sepaloide. Con aspecto de sépalo.

Septado. Provisto de septos o tabiques separadores.

Septo. Tabique paralelo a las valvas, perforado y que divide a un órgano

Serrado, da. Con dientecitos agudos y próximos. Sinónimo de aserrado.

Sésil. Dícese de cualquier órgano que carece de pie o soporte. Sinónimo de sentado.

Siempreverde. Verde todo el año. Sinónimo de perennifolio.

Silicua: Fruto sincárpico, seco, dehiscente, polispermo, que se abre en dos valvas caedizas dejando un falso tabique. Su longitud es 3-4 veces más largo que ancho. Fruto típico de las brasicáceas (crucíferas).

Silícula: Silicua corta en que la longitud es menos de 3-4 veces más largo que ancho.

Simbiosis. Vida en común de dos o más organismos.

Simpódico. Ramificación en la que el punto vegetativo del eje principal pierde su facultad meristemática, y por debajo de él crecen ramificaciones secundarias que lo superan. Se opone a monopólico.

Sincárpico, ca. Dícese de la flor, gineceo, etc., que tiene sus carpelos concrescentes en mayor o menor grado en un solo ovario. Se opone a apocárpico.

Singenesia. Aplícase a la planta cuando las anteras están soldadas en un solo cuerpo.

Sinuado, da. Que tiene senos poco profundos.

Soldado, da. Concrescente, unidos entre sí.

Suculento, ta. Carnoso y grueso, con numerosos jugos.

Sulcado, da. En palinología, abertura corta y estrecha del grano de polen. Se emplea con los prefijo mono-, di-, tri- etc, para expresar el número de aberturas.

Súpero. Se aplica al ovario que ocupa una posición superior con respecto a la flor. Está unido al tálamo sólo por su base.

Sutura. Línea más o menos marcada que se observa en los bordes concrescentes de los carpelos.

T

Tálamo. Porción axial en que se asientan los diversos verticilos de una flor. Sinónimo de receptáculo.

Tallo. Porción del eje de la planta que tiene hojas. Puede ser simple o ramificado. Los tallos subterráneos reciben la denominación de rizomas, tubérculos o bulbos. Los tallos subterráneos tienen hojas rudimentarias denominadas catafilos.

Taxonomía botánica. Es la ciencia que se ocupa de la clasificación de las plantas.

Tegumento. Órgano o parte orgánica que envuelve a otro y le da protección.

Tépalo. Reciben este nombre el conjunto de sépalos y pétalos.

Terminal. Dícese de lo que se halla en el extremo del tallo.

Tetrámero, ra. Con sus partes en número de cuatro.

Tetraquenio. Fruto constituido por 4 aquenios o núculas. Es típico de las lamiáceas (labiadas).

Tomento. Conjunto de pelos simples o ramificados, muy juntos.

Tomentoso, a. Cubierto de tomento.

Tónico. Sustancia que restablece el tono normal del cuerpo.

Trepador, ra. Dícese de las plantas que se encaraman a cualquier soporte por medio de mecanismos variados como zarcillos, raíces adventicias, ganchos, espinas, etc., o bien enroscándose si es voluble.

Tricoma. Excrecencia epidérmica sea de la forma que sea. Son tricomas los pelos, papilas, escamas. El tricoma está formado por células epidérmicas.

Trifoliado, da. Con tres hojuelas.

Trímero, ra. Constituido por 3 elementos.

Tronco. Tallo fuerte y macizo de los árboles y arbustos.

Tropismo. Reciben esta denominación los movimientos de orientación realizados por las plantas o una parte de las mismas ante la influencia de un factor estimulante. Los tropismos pueden ser positivos o negativos.

Tuberculado, da. Con nudosidades o abultamientos semejantes a tubérculos.

Tubérculo. Porción de tallo engrosada generalmente subterránea. Los tubérculos son ricos en sustancias de reserva. En su superficie suelen tener catafilos y yemas. Se confunden a menudo con las raíces tuberosas.

Tuberoso, sa. Que tiene tubérculo o tubérculos. Ver tuberculado.

Tubular. Aplícase a la corola, cáliz, etc. de forma más o menos cilíndrica, con los pétalos soldados en un largo trecho en el caso de la corola.

Tubuloso, sa. Ver tubular.

U

Umbela. Inflorescencia con el extremo del raquis o eje principal ensanchado formando un receptáculo, del cual parten los pedicelos, todos de igual longitud.

Umbeliforme. De forma de umbela.

Unilocular. Con un sólo lóculo.

Unisexual. De un sólo sexo.

V

Vaina. Base de la hoja ensanchada que abraza a la ramita que la inserta. También se le denomina así al fruto de las leguminosas.

Valva. Cada una de las divisiones profundas de algunos frutos secos dehiscentes.

Variedad. Jerarquía taxonómica comprendida entre la especie y la forma.

Variegado, da. Que tiene colores diversos.

Vástago. Conjunto del tallo o eje caulinar y las hojas, de manera que se contrapone al concepto de raíz. También se utiliza este término para definir al brote o ramo nuevo que surge de la planta.

Vegetativo, va. Que realiza funciones vitales a excepción de las reproductoras.

Velamen. Envoltura pluriestratificada que recubre las raíces epigeas. Su función es de protección y de absorción y acumulación del agua.

Verticilado, da. Dispuesto en verticilos.

Verticilastro. Dícese en las flores de las lamiáceas (labiadas) dispuestas en cimas muy apretadas y enfrentadas, lo que da apariencia de verticilo.

Verticilo. Conjunto de dos o más hojas que brotan a un mismo nivel del eje caulinar.

Vilano. Formación que acompaña a determinados frutos, constituida por pelos simples o plumosos, en cerdas, escamas o una corona membranosa, y que procede de un cáliz inconspicuo. Es típico de la familia asteráceas (compuestas). El vilano sirve para la dispersión de las semillas por medio del aire.

Vivaz. Aunque es sinónimo de perenne, se ha ido imponiendo la costumbre de llamar vivaces, a las plantas de órganos epígeos anuales, como las dalias, que se conservan gracias a sus rizomas, tubérculos, bulbos, etc.

Voluble. Dícese de la planta trepadora que se enrosca mediante vueltas del tallo.

Vulnerario, ria. Dícese de los remedios capaces de curar las llagas y heridas.

X

Xerófilo, a. Calificativo que se aplica a las plantas que viven en medios secos. Se opone a higrófilo.

Xerófito, ta. Dícese del vegetal adaptado a la sequedad.

Y

Yema. Rudimento de un vástago, que se forma habitualmente en la axila de las hojas y suele estar protegido por una serie de catafilos. También existen yemas terminales y adventicias.

Z

Zarcillo. Órgano filamentoso que se enrolla y que utiliza la planta para trepar.

Zigomorfo, fa. Con un sólo plano de simetría. Se opone a actinomorfo.